"十四五"普通高等教育本科部委级规划教材

服装与服饰设计专业系列教材

# 服装原型结构 设计与应用（第2版）

FUZHUANG YUANXING JIEGOU
SHEJI YU YINGYONG

周捷　编著

国家一级出版社　全国百佳图书出版单位

中国纺织出版社有限公司

## 内 容 提 要

本书系统介绍了服装结构制图的基础知识、原型制图与修正方法。同时，阐述了原型变化的原理与应用方法，列举了不同款型的服装，以分步骤的方法基于原型样板进行服装制图。此外，本书精选了六十余款集典型性与时尚性的不同类型服装实例，通过运用原型样板进行结构制图。

全文以服装结构制图基础知识与实际应用为体系，强调对服装结构制图的系统理解和灵活应用。语言简练易懂，款式图与结构图的图片清晰准确，易于理解，并具有实用性强的特点。本书可作为高等院校服装类专业本科生和研究生教材，也可供服装行业设计人员、制版人员、研究人员和服装爱好者参考。

**图书在版编目（CIP）数据**

服装原型结构设计与应用／周捷编著 . --2 版 . --
北京：中国纺织出版社有限公司，2023.9
"十四五"普通高等教育本科部委级规划教材　服装
与服饰设计专业系列教材
　　ISBN 978-7-5229-0801-4

　　Ⅰ . ①服… 　Ⅱ . ①周… 　Ⅲ . ①服装结构—结构设计—
高等学校—教材 　Ⅳ . ① TS941.2

　　中国国家版本馆 CIP 数据核字（2023）第 142320 号

责任编辑：华长印　许润田　　责任校对：王花妮
责任印制：王艳丽

中国纺织出版社有限公司出版发行
地址：北京市朝阳区百子湾东里A407号楼　邮政编码：100124
销售电话：010—67004422　传真：010—87155801
http://www.c-textilep.com
中国纺织出版社天猫旗舰店
官方微博 http://weibo.com/2119887771
天津千鹤文化传播有限公司印刷　各地新华书店经销
2020年10月第1版　2023年9月第2版第1次印刷
开本：787×1092　1/16　印张：16.75
字数：305千字　定价：69.80元

# 第1版前言

随着社会的进步和人民生活水平的提高,人们穿着要时尚更要舒适合体,对服装板型的要求也越来越高,也给服装技术人员提出了更高的要求。服装结构设计对服装板型起着决定性的作用,也是服装制图的更高层次的表现。掌握和运用服装结构设计原理与技巧后,对多变的服装款式能够做到随机应变。服装原型既是最基础的纸样,也是人体体型最重要信息的载体,顺应了这一要求,在整个结构设计过程中,能够适应体型变化及款式变化,基于服装原型可以变化多款服装的结构。

本书参阅了国外最新的资料,结合国内服装结构设计的特点,凭借多年的教学及长期的专业实践经验,全书内容由浅入深,图文并茂,行文通畅简洁通俗易懂,理论与实践兼长,实例丰富,数据翔实。内容新、款式新,并注重理论与实践的有机结合。既可作为高等院校服装专业教材,也可作为服装行业的技术人员参考用书及服装爱好者自学指导读物。

本书主要编著者为西安工程大学服装与艺术设计学院周捷教授,负责全书的编著、统稿、校对和修改等工作。参与本书撰写、图片描绘等工作的还有西安工程大学的鲍正壮、河北美术学院的孙艳丽、河南科技职业大学的刘宝宝和商丘学院的王海红。

在此对在本书引用的文献著作者以及在编著中作出贡献的所有同志致以诚挚的谢意!

由于时间仓促、水平有限,难免有错误和疏漏,本书定有不当之处,敬请同仁们的指正。欢迎专家、同行和广大读者提出批评与改进意见,不胜感谢!

周捷

2020年7月

# 第2版前言

　　光阴似箭，岁月如梭，时光的流转见证了世界的变迁和服装行业的发展。党的二十大精神作为我们的时代引领，具有重要的指导意义。在这本书中，我们将以此为基石，通过介绍服装专业知识，帮助读者应对挑战，追求卓越。

　　首先，我要深深感谢广大读者对本书的厚爱和支持，也要感谢中国纺织出版社有限公司同仁的辛勤努力。本书第1版的发行量远远超出了我的预期，正是读者的支持与厚爱，才有了我对本书进行修订的动力。在修订过程中，我们认真研究了读者的反馈和评论，仔细审视了第1版中存在的问题和弊疵。不仅是简单地修正错误，还重新思考了语言表达和内容的完整性。

　　虽然修订的过程并不容易，但当我们最终完成修订并审阅了新版书稿时，我们感到非常满意。同时，我们深信这次修订不仅是对第1版的改进，更是对读者需求的回应。我们希望通过这次修订，读者能够更加满意地阅读这本书。

　　在此，我要特别感谢本书的责任编辑华长印和许润田对本书出版的大力支持和无私奉献。同时，我也要感谢香港理工大学王奥斯在第2版书稿修改过程中所提供的支持和帮助。

　　从初版到现在，我一直努力争取将这本书做得更好。我希望通过这次再版，为读者提供更多服装结构设计的知识和实用的指导，并完善和提高这本书的质量。

　　最后，我要再次表达对读者和中国纺织出版社有限公司的感激之情，多谢你们的支持和鼓励，愿我们携手共进，共同谱写纺织服装行业的辉煌篇章！

西安工程大学　周捷

2023年8月8日

# 目录

# 第一章
# 服装结构制图基础知识

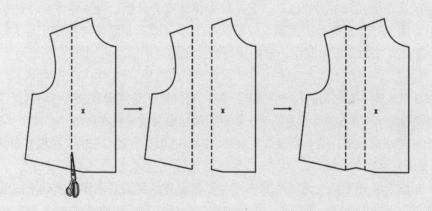

# 第一节　服装结构与纸样

服装结构设计与纸样制图是以人体体型、运动功能、服装规格、服装款式、面料的性能和工艺等要求为依据，运用服装制图方法，在纸上或面料上画出服装衣片和零部件的平面结构制图，或基于人体或人台进行立体造型设计，然后制成样板的过程。

## 一、服装结构

服装结构由服装的造型和功能所决定。结构制图也称"裁剪制图"，是通过对服装结构，分析计算，在纸张或布料上绘制出服装结构线的过程。服装结构主要分为平面结构设计和立体裁剪两大类。

### （一）平面结构设计

平面结构设计是对人体与服装的立体形态的剖析，在纸上或直接在布上绘制结构图与样板、获取服装样板的服装构成技术。平面结构设计有原型法、比例法、基型法等构成法。

#### 1. 原型法

所谓原型就是服装基本的"型"，它是以人体体型为依据，在人体净尺寸的基础上加上基本的松份（用于呼吸及活动）而制成的服装基本型。原型是服装结构设计的基础。原型法是以原型为基础，按款式要求利用一定的规律制得所需要的服装结构图的方法。

#### 2. 比例法

比例法是以人体主要部位的尺寸为基础，按一定的比例公式确定服装各局部尺寸的平面结构设计，通常以胸围（$B$）的尺寸为基础。如常用的比例公式分别有$B$/10、1.5$B$/10、$B$/8、$B$/6、$B$/5等。此方法能快捷成型，适合常规造型服装，但不适用于造型夸张的、结构复杂的服装。

#### 3. 基型法

基型法是结合了原型法与比例法知识，在各类服装品种的基本样板基础上按服装品种款式变化，进行平面结构设计，是服装企业较常用的快捷成型的结构设计法。

### （二）立体裁剪

立体裁剪是将布披覆在人体或人体模型上，用大头针、剪刀等工具进行服装款式造型设计，并取得服装样板的一种方法。

## 二、纸样

纸样是在纸张上绘制服装结构图，并按规定画出相应的技术符号满足缝制工艺要求的结构图载体。纸样是服装样板的统称，其包括了批量生产的工业样板、定制服装的单款纸样、家庭使用的简易纸样以及地域性或社会性（中式、日式、英式、法式、美式等）的基础纸样和特体纸样等。

# 第二节　服装制图工具

## 一、尺子

### 1. 直尺

直尺用来画直线用，有20cm、30cm、50cm等长度，如图1-1所示。

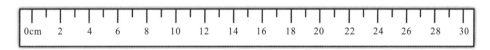

图1-1　直尺

### 2. 放码尺

放码尺也叫方格尺。通常用于绘制平行线、放缝份和缩放规格等。有50cm、60cm等长度，如图1-2所示。

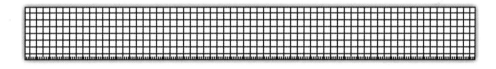

图1-2　放码尺

### 3. L形尺

L形尺可以用于测量直角和画弧线，如图1-3所示。

### 4. 6字尺

6字尺形状像6字。可以用于画领窝弧线、袖窿弧线及袖山弧线等，如图1-4所示。

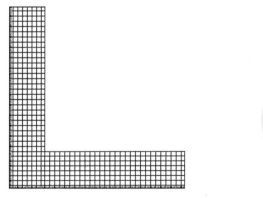

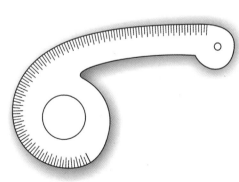

图1-3　L形尺　　　　　　　　　　　　　　　　图1-4　6字尺

### 5. 弯尺

弯尺形状略呈弧形。可用于画裙子、裤子侧缝以及腰口线等弧线处，如图1-5所示。

### 6. 圆尺

圆尺测量时可以转动，用来测量弧线的长度，如图1-6所示。

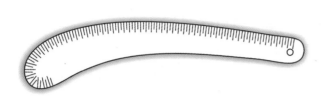

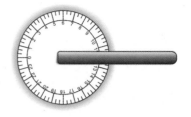

图1-5　弯尺

图1-6　圆尺

### 7. 软尺

软尺用于人体的测量和弧线的测量，如图1-7所示。

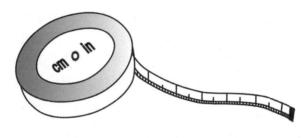

图1-7　软尺

### 8. 量角器

量角器是用来测量角度的，如图1-8所示。

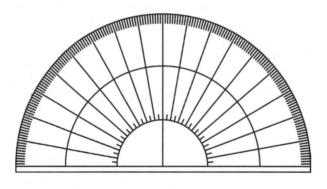

图1-8　量角器

### 9. 蛇形尺

如图1-9所示，蛇形尺能自由折成各种曲线形状，可用来测量袖窿、乳根围、裆部等，也可弯成相应的形状，然后将其在纸上画出。

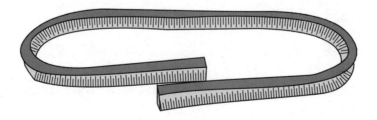

图1-9　蛇形尺

## 二、笔

### 1. 铅笔

铅笔制图时使用，常用型号有2B和HB等，如图1-10所示。

图1-10　铅笔

### 2. 活动铅笔

活动铅笔通常与铅芯搭配使用，铅芯通常有0.3cm、0.5cm、0.7cm和0.9cm等不同规格，根据作图要求选用。

### 3. 褪色笔

褪色笔是如马克笔状的记号笔，这种笔做的记号，颜色随着时间的推移而自然消失。有多种颜色，如图1-11所示。

图1-11　褪色笔

### 4. 划粉笔

划粉笔类似于彩色铅笔，可以用来在布料上画线，如图1-12所示。

图1-12　划粉笔

### 5. 划粉

划粉是在布料上画线用的，有普通划粉和可褪色划粉，如图1-13所示。

图1-13　划粉

## 三、其他

### 1. 拷贝纸

拷贝纸为双面或单面有印粉的复写纸，通常在标记或拷贝时用。

### 2. 锥子

锥子在缝制时使用，也可以在纸样上做标记点。

### 3. 滚轮

滚轮又称点线器，用于拷贝纸样或者将布样转变为纸样，如图1-14所示。

图1-14　滚轮

### 4. 圆规

圆规用于画圆或弧线，如图1-15所示。

### 5. 文镇

文镇用于压布或纸样，使其位置固定，如图1-16所示。

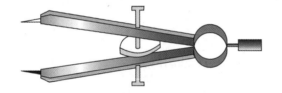

图1-15　圆规　　　　　　　　　　　　　　　　图1-16　文镇

### 6. 黏接带

黏接带用来作标志线，如图1-17所示。

### 7. 模型线

模型线常用作人台的标志线或者在衣服上标志轮廓线，如图1-18所示。

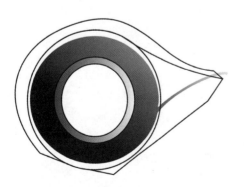

图1-17　黏接带　　　　　　　　　　　　　　　图1-18　模型线

### 8. 剪刀

剪刀用于裁剪布料、纸样或线头，如图1-19所示。

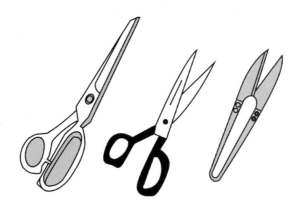

图1-19　剪刀

# 第三节　服装制图规范与专业术语

## 一、制图比例

制图比例分档规定通常有以下三种。

### 1. 原值比例

原值为1∶1比例制图，通俗说就是按照成衣的大小来制图。

### 2. 缩小比例

如1∶2、1∶3、1∶4、1∶5、1∶6，1∶10等制图比例，就是按比例缩小制图。

### 3. 放大比例

如2∶1、4∶1等制图比例，就是按比例放大制图。

在同一图纸上，应采用相同的比例，并将比例填写在标题栏内以便辨识，如需采用不同的比例，则必须在每一零部件的左上角处标注比例。

服装款式图的比例不受以上规定限制。

## 二、图线及画法

裁剪图线形式及用途见表1-1。

表1-1　裁剪图线形式及用途

| 序号 | 图纸名称 | 图线形式 | 图线宽度 | 图线用途 |
|---|---|---|---|---|
| 1 | 粗实线 | ———— | 0.9mm左右 | （1）服装和零部件轮廓线<br>（2）部位轮廓线 |
| 2 | 细实线 | ———— | 0.3mm左右 | （1）图样结构的基本线<br>（2）尺寸线和尺寸界线<br>（3）引出线 |
| 3 | 粗虚线 | ▬ ▬ ▬ | 0.9mm左右 | 背面轮廓影示线 |
| 4 | 细虚线 | - - - - - - | 0.3mm左右 | 缝纫明线 |

| 序号 | 图纸名称 | 图线形式 | 图线宽度 | 图线用途 |
|------|----------|----------|----------|----------|
| 5 | 点划线 | —·—·—·— | 0.3mm左右 | 对折线 |
| 6 | 双点划线 | —··—··— | 0.3mm左右 | 折转线 |

同一图纸中同类图线的宽度应保持一致。虚线、点划线及双点划线的线段长短和间隔应各自相同。点划线和双点划线的两端应是线段而不是点。

### 三、制图字体

汉字应采用中华人民共和国国务院正式公布推行的《汉字简化方案》中规定的简化字。图纸中的文字、数字、字母都必须做到字体工整、笔画清楚、间隔均匀、排列整齐。字母和数字可写成斜体或直体。斜体字字头应向右倾斜，与水平基准线成75°角。用作分数、偏差、注脚等的数字及字母，一般采用小一号字体。

### 四、制图主要部位代号

制图主要部位代号见表1-2。

表1-2　制图主要部位代号

| 序号 | 中文 | 英文 | 代号 |
|------|------|------|------|
| 1 | 长度 | Length | L |
| 2 | 头围 | Head Size | HS |
| 3 | 领围 | Neck Girth | N |
| 4 | 胸围 | Bust Girth | B |
| 5 | 腰围 | Waist Girth | W |
| 6 | 臀围 | Hip Girth | H |
| 7 | 横肩宽 | Shoulder | S |
| 8 | 领围线 | Neck Line | NL |
| 9 | 前中心线 | Front Center Line | FCL |
| 10 | 后中心线 | Back Center Line | BCL |
| 11 | 上胸围线 | Chest Line | CL |
| 12 | 胸围线 | Bust Line | BL |
| 13 | 下胸围线 | Under Bust Line | UBL |
| 14 | 腰围线 | Waist Line | WL |
| 15 | 中臀围线 | Middle Hip Line | MHL |
| 16 | 臀围线 | Hip Line | HL |
| 17 | 肘线 | Elbow Line | EL |

续表

| 序号 | 中文 | 英文 | 代号 |
|---|---|---|---|
| 18 | 膝盖线 | Knee Line | KL |
| 19 | 胸点 | Bust Point | BP |
| 20 | 颈肩点 | Side Neck Point | SNP |
| 21 | 颈前点 | Front Neck Point | FNP |
| 22 | 颈后点 | Back Neck Point | BNP |
| 23 | 肩端点 | Shoulder Point | SP |
| 24 | 袖窿 | Arm Hole | AH |
| 25 | 袖长 | Sleeve Length | SL |
| 26 | 袖口 | Cuff Width | CW |
| 27 | 袖山 | Arm Top | AT |
| 28 | 袖肥 | Biceps Circumference | BC |
| 29 | 裙摆 | Skirt Hem | SH |
| 30 | 脚口 | Slacks Bottom | SB |
| 31 | 底领高 | Band Height | BH |
| 32 | 翻领宽 | Top Collar Width | TCW |
| 33 | 前衣长 | Front Length | FL |
| 34 | 后衣长 | Back Length | BL |
| 35 | 前胸宽 | Front Bust Width | FBW |
| 36 | 后背宽 | Back Bust Width | BBW |
| 37 | 上裆（股上）长 | Crotch Depth | CD |
| 38 | 股下长 | Inside Length | IL |
| 39 | 前腰节长 | Front Waist Length | FWL |
| 40 | 后腰节长 | Back Waist Length | BWL |
| 41 | 肘长 | Elbow Length | EL |
| 42 | 前裆 | Front Rise | FR |
| 43 | 后裆 | Back Rise | BR |

## 五、常用制图符号

常用制图符号见表1-3。

表1-3 常用制图符号

| 序号 | 符号形式 | 名称 | 说明 |
|---|---|---|---|
| 1 | ○ △ □ …… | 等量号 | 尺寸大小相同的标记符号 |
| 2 | ⊐⊏ | 单阴裥 | 裥底在下的折裥 |

| 序号 | 符号形式 | 名称 | 说明 |
|---|---|---|---|
| 3 | | 扑裥 | 裥底在上的折裥 |
| 4 | | 单向折裥 | 表示顺向折裥自高向低的折倒方向 |
| 5 | | 对合折裥 | 表示对合折裥自高向低的折倒方向 |
| 6 | | 等分线 | 表示分成若干个相同的小段 |
| 7 | | 直角 | 表示两条直线垂直相交 |
| 8 | | 重叠 | 两部件交叉重叠及长度相等 |
| 9 | | 斜料 | 有箭头的直线表示布料的经纱方向 |
| 10 | | 经向 | 单箭头表示布料经向排放有方向性，双箭头表示布料经向排放无方向性 |
| 11 | | 顺向 | 表示折裥、省道、复势等折倒方向，意为线尾的布料应压在线头的布料之上 |
| 12 | | 缉双止口 | 表示布边缉缝双道止口线 |
| 13 | | 按扣 | 内部有叉表示门襟上用扣。两者成凹、凸状，且用弹簧固定 |
| 14 | | 开省 | 省道的部分需剪去 |
| 15 | | 折倒的省道 | 斜向表示省道的折倒方向 |
| 16 | | 分开的省道 | 表示省道的实际缉缝形状 |
| 17 | | 拼合 | 表示相关布料拼合一致 |
| 18 | | 缩缝 | 用于布料缝合时收缩 |
| 19 | | 扣眼 | 两短线间距离表示扣眼大小 |

| 序号 | 符号形式 | 名称 | 说明 |
|---|---|---|---|
| 20 | ✛ | 钉扣 | 表示钉扣的位置 |
| 21 | | 平行展开 | 将纸样沿切开线剪开，平行展开5cm，画顺纸样，然后画顺展开的部位 |
| 22 | | 梯形展开 | ③⑤分别代表展开3cm和5cm。操作方法是沿切开线剪开，将纸样上端和下端分别展开3cm和5cm，然后画顺展开的部位 |
| 23 | | 三角形展开 | ⑤代表展开5cm。操作方法是沿切开线剪开，将纸样上端展开5cm，下端也就是有箭头的一端不变；然后画顺展开的部位 |
| 24 | | 省道转移 | 沿切开线剪开，将前腰省合并，也就是将腰部的省道转移至袖窿，然后视省道的倒向画出省道的边缘线以及画顺合并的部位即腰口线 |

**注** 在制图中，若使用其他制图符号或非标准符号，必须在图纸中用图和文字加以说明。

## 六、服装及制图术语

服装术语是服装行业经常用于交流的语言。我国各地使用的服装术语大致有三种来源。一是外来语，主要来源于英语的读音和日语的汉字，如克夫、塔克、补正等；二是民间服装的工艺术语，如领子、袖头、撇门等；三是其他工程技术术语的移植，如轮廓线、结构图等。下面介绍一些与服装结构制图相关的术语。

### 1. 衣身

衣身是覆合于人体躯干部位的服装样片，由前衣身和后衣身组成，是服装的主要部件。

2．衣领

衣领是围绕人体颈部，起保护和装饰作用的部件。

3．翻领

翻领是领子自翻折线至领外口的部分。

4．底领

底领也称领座，领子自翻折线至领下口的部分。

5．领窝

领窝又称"领口""领圈"，根据人体颈部形态，在衣片上绘制的弧形结构线，即与领子缝合衣片领口线。

6．领嘴

领嘴是领底口末端至门、里襟止口的部位。

7．领上口

领上口指衣领外翻的连折线。

8．领下口

领下口指衣领与领窝缝合处。

9．领外口

领外口指衣领的外沿部分。

10．领串口

领串口是领面与挂面的缝合部位。

11．领豁口

领豁口指领嘴与领尖的最大距离。

12．驳头

驳头是门、里襟上部翻折部位。

13．驳口

驳口指驳头翻折部位。

14．平驳头

平驳头是指与上领片的夹角呈三角形缺口的方角驳头。

15．戗驳头

戗驳头指驳角向上形成尖角的驳头。

16．单排扣

单排扣指里襟钉一排纽扣。

17．双排扣

双排扣是指门、里襟各钉一排纽扣。

18．袖窿

袖窿指前后衣身片绱袖的部位。

19．衣袖

衣袖是覆合于人体手臂的服装部件，一般指衣袖，有时也包括与衣袖相连的部分衣身。

20. **袖山**

袖山指衣袖上部与衣身袖窿缝合的凸起部位。

21. **袖缝**

袖缝是衣袖的缝合缝，按所在部位分前袖缝、后袖缝、中袖缝等。

22. **袖口**

袖口是指衣袖下口边沿部分。

23. **大袖**

大袖指两片袖结构中较大的袖片。

24. **小袖**

小袖指两片袖结构中较小的袖片。

25. **袖克夫**

袖克夫也叫袖头，是缝在衣袖下口的部件，起束紧与装饰作用。

26. **腰头**

腰头是指与裤身、裙身缝合的部件，起束腰与护腰作用。

27. **口袋**

口袋是插手和盛装物品的部件。分别有插袋、贴袋、立体袋、双嵌线袋、单嵌线袋、手巾袋等。

28. **襻**

襻是起扣紧、牵吊等功能与装饰作用的部件。分别有领襻、吊襻、肩襻、腰襻和袖襻等。

29. **总肩**

总肩是从左肩端至右肩端的部位。

30. **育克**

育克，外来语。指前后衣身上面分割缝接的部位，也称过肩、肩育克。现也指用于裙、裤片结构中的腰、腹、臀部位的育克。

31. **门襟、里襟**

开扣眼的衣片称门襟，钉纽扣的衣片称里襟。

32. **搭门**

搭门也称叠门。门里襟左右重叠的部分。根据服装面料厚薄、纽扣大小，搭门量大小视款式而定。

33. **挂面**

挂面指上衣门、里襟反面的贴边。

34. **门襟止口**

门襟止口指门襟的边沿。其形式有连止口与加挂面两种形式。

35. **扣眼**

扣眼是纽扣的眼孔。有锁眼和滚眼两种，锁眼根据扣眼前端的形状分为圆头锁眼和方头锁眼。扣眼的排列形状一般有纵向排列与横向排列，纵向排列时扣眼正处于叠门线上，横向排列时扣眼要在止口线一侧并超越叠门线0.3cm左右。

**36. 眼档**

眼档指扣眼间的距离。眼档制订时一般是先确定好首尾两端扣眼位置，然后平均分配中间扣眼的位置，根据造型需要也可间距不等。

**37. 背缝**

背缝是为贴合人体后身造型需要，在后身中间设计的纵向分割缝接线。

**38. 侧缝**

侧缝指前后衣身、前后裙片、裤片的缝接线，也称"摆缝"。

**39. 背衩**

背衩也叫背开衩，指在背缝下部的开衩。

**40. 摆衩**

摆衩又叫侧摆衩，指侧摆缝下部的开衩。

**41. 省**

省指将人体躯干部位的凹凸型之间的多余量缝合，也称省道。不同位置有不同的叫法，如领省、肩省、袖窿省、侧缝省、腰省、门襟省、肚省等。

**42. 裥**

裥是指在裁片上预留出的宽松量，通常经熨烫定出裥形，在装饰的同时增加可运动松量。

**43. 塔克**

塔克指服装上有规则的装饰褶子。

**44. 公主线**

公主线是指从肩缝或袖窿处通过腰部至下摆底边的开刀缝。最早由欧洲的公主所采用，在视觉造型上表现为展宽肩部、丰满胸部、收缩腰部和放宽臀摆的三围轮廓效果。

**45. 上档**

上档也称直档、立档。腰头上口至裤腿分叉处横档线的部位，是决定裤子舒适与造型的重要部位。

**46. 中档**

中档指人体膝盖附近的部位，大约在裤脚口至臀围线的1/2处，是决定裤管造型的主要因素。

**47. 下档缝**

下档缝指裤子横档至裤脚口的内侧缝。

**48. 横档**

横档指上档下部的最宽处，对应于人体的大腿围度。

**49. 烫迹线**

烫迹线又叫挺缝线或裤中线，指裤腿前后片的中心直线。

**50. 翻脚口**

翻脚口指裤脚口往上外翻的部位。

**51. 裤脚口**

裤脚口指裤腿的下口边沿。

52. **小裆缝**

小裆缝指裤子前身小裆缝合的缝子。

53. **后裆缝**

后裆缝指裤子后身裆部缝合的缝子。

54. **缝份**

缝份也称作缝、缝头。它是为缝合衣片而在净尺寸线外侧加放的部分。

55. **丝缕**

丝缕指衣料的经纬丝缕。与织物经向平行的称直丝缕，与纬纱方向平行的称横丝缕，与径向和纬向都不平行的就称斜丝缕。

56. **拼接**

拼接指因裁片不够长或不够大而采用的拼合缝制工艺。一般以长度不够为"接"，宽度不够为"拼"。

57. **对位记号**

对位记号也称刀眼。是指在衣服的某些部位打上剪口，缝纫时剪口相对，便于缝合。

58. **钻眼**

钻眼指用钻子在裁片的缝制部位打眼、定位，常用在袋位、省位等衣片中间的部位。

# 第四节　人体与人台测量方法

## 一、测量意义

为了对人体体型特征有正确、客观的认识，除了进行定性的研究外，还必须了解人体各部位的体型特征，并能用准确的数据表示身体各部位的特征。在服装结构设计中，为了使人体着装更加舒适，必须了解人体的比例、体型、构造和形态等基本信息，故测量人体尺寸是进行服装结构设计的前提。

服装设计和服装结构设计人员都必须知道人体的大小、比例和形态的重要性。人体的大小即长度和围度决定了服装制作的规格尺寸，而人的形态则是服装结构的设计依据，人体体表的起伏决定着服装收省、打褶的位置和程度，人体的运动形变和舒适性要求决定了服装放松量的大小。另外，在进行服装着装评价时也应了解服装与人体之间的关系，因为服装产品的优劣都是通过人体进行检验和评价的，所以服装应该"合体"，要与人体体型和活动相一致，使人穿后感到舒适，且要突出或增加人体的美感，达到服装修身的基本功能。对人体基本构造、体型特征的了解和研究以及对人体测量方法的掌握因此就显得非常重要。

## 二、人体测量注意事项

服装制作需要测量人体的胸围、背长、肩宽等，根据已测得的数据再加上一定的松量就形成了服装的成品尺寸。不同的服装类型所注重的测量项目也有所不同。因此，人体的基本构造、体型特征、运动特性对人体测量都非常重要，并且测量时的姿势、测量点的正确把握、合适的测量工具、正确的测量方法等也会影响测量的精确性。

测量时应基于基准点和基准线测量，以便最大限度地减少误差，提高精确度。在对人体进行测量时，要求被测量者穿着贴身轻薄内衣。

人体测量的两种基本姿势如下：

### 1. 直立姿势（简称立姿）

在对呈直立姿势的人体进行测量时，被测量者挺胸直立，头部以眼耳平面定位，眼睛平视前方，肩部放松，上肢自然下垂，手伸直，手掌朝向体侧，手指轻贴大腿侧面，左右足后跟并拢，前端分开，使两足大致呈45°夹角，体重均匀分布于两足。为确保直立姿势正确，被测量者应使足后跟、臀部和后背部与同一铅垂面相接触，如图1-20所示。

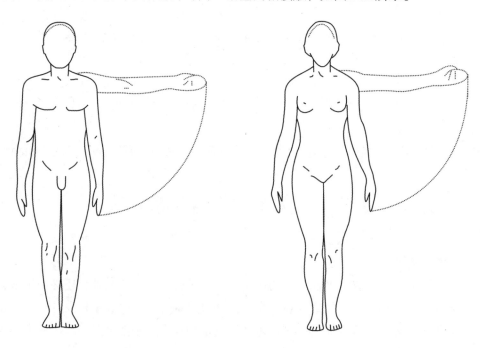

图1-20　直立姿势

### 2. 坐姿

在对呈坐姿的人体进行测量时，被测量者挺胸坐在被调节到腓骨头高度的平面上，头部以眼耳平面定位，眼睛平视前方，左右大腿大致平行，膝大致弯曲成直角，足平放在地面上，手轻放在大腿上。为确保坐姿正确，被测者的臀部、后背部应同时靠在同一铅垂面上，如图1-21所示。

无论何种测量姿势，身体都必须保持左右平衡。由于呼吸而使测量值有变化的测量项目，应在呼吸平静时进行测量。

测量者在测量时首先要明确所测得数据要采用的法定计量单位，一般以厘米（cm）为单位，再就是要求按基准点和基准线测量。水平测量时测量者站在被测者的侧面，以保证软尺能稳定在同一水平面上，软尺的松紧应该适度，以附贴在人体的表面、不扎紧、不脱落为宜。读数时应使测量者的目光与被测点在同一个水平面上。测量时测量者还应在仔细记录所测尺寸的同时，观察比较被测者的体型特征与数字的关系。

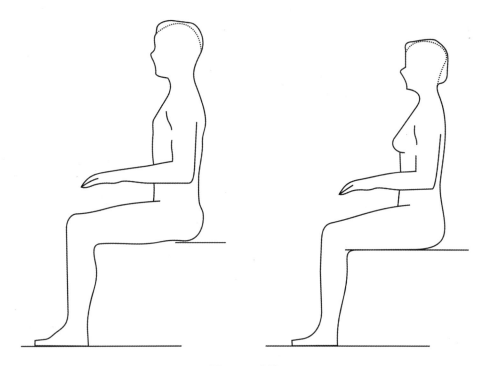

图1-21　坐姿

### 三、测量的基准点和基准线

人体形状比较复杂，要进行规范性测量就需要在人体或人台表面确定一些点和线，并将这些点和线按一定的规律固定下来，作为专业通用的测量基准点和基准线。这样便于建立统一的测量方法，测量出的数据才具有可比性，从长远看也更有利于专业的规范发展。

基准点和基准线确定的基本要求：一是根据测量的需要；二是点和线应具有明显性、固定性、易测性和代表性的特点。也就是说，测量基准点和基准线在任何人身上都是固有的，不因时间、生理的变化而改变。因此一般多选在骨骼的端点、突起点和肌肉的沟槽等部位。

### 四、测量的主要基准点

人体测量基准点如图1-22、图1-23所示。

**1. 头顶点**

头顶点是正确立姿站立时头部的最高点，位于人体中心线上，是测量总体高的基准点。

**2. 颈根外侧点**

颈根外侧点是在外侧颈三角上，斜方肌前缘与颈外侧部位上联结颈窝点和颈椎点的曲线的交点。通常也被称为侧颈点或颈肩点（SNP）。

**3. 颈窝点**

颈窝点是左、右锁骨的胸骨端上缘的连线的中点。通常也被称为前颈点或颈前点（FNP）。

**4. 颈椎点**

颈椎点是第七颈椎棘突尖端的点。通常也被称为后颈点或颈后点（BNP）。

## 5. 肩峰点

肩峰点是肩胛骨的肩峰外侧缘上，向外最突出的点。通常也被称为肩端点（SP）。它是测量肩宽和袖长的基准点，也是确定衣袖缝合对位的基准点。

## 6. 乳头点

乳头点是乳头的中心点。通常也被称为胸高点（BP）。它是测量胸围的基准点，也是确定胸省长度的参考点，在结构设计中是处理胸省时很重要的基准点。

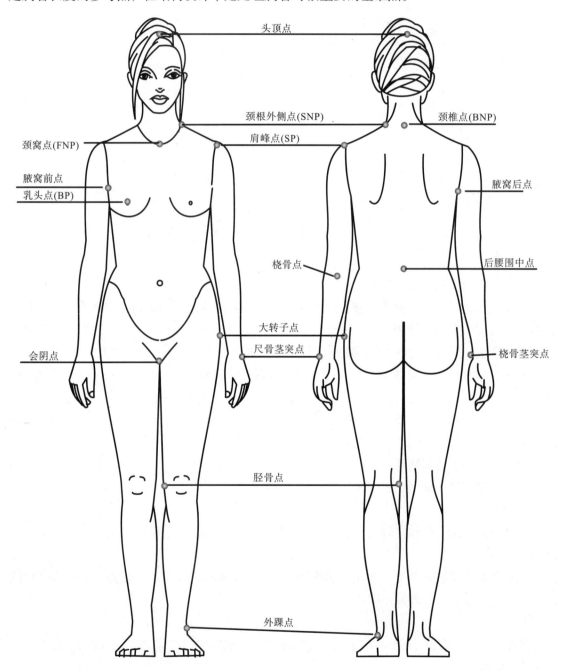

图1-22　人体测量基准点

### 7. 左胸高点

左胸高点是左乳房的乳头点。

### 8. 右胸高点

右胸高点是右乳房的乳头点。

### 9. 乳外侧点

乳外侧点是乳根线与过胸高点的水平面外侧的交点。

### 10. 乳内侧点

乳内侧点是乳根线与过胸高点的水平面内侧的交点。

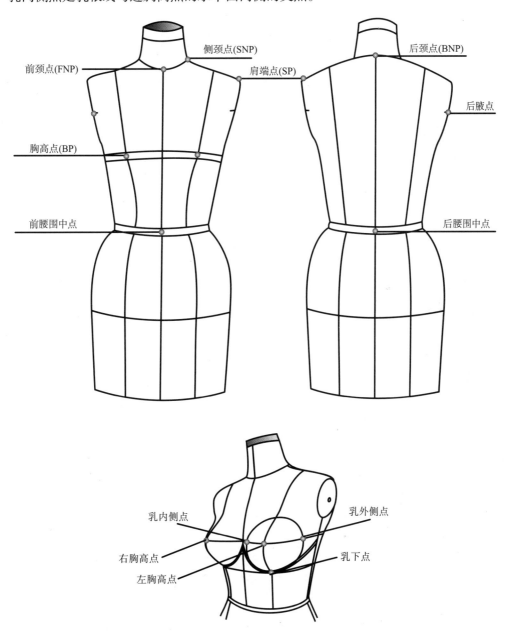

图1-23　人台测量基准点

**11. 乳下点**

乳下点是乳根线与过胸高点的垂直平面的交点。

**12. 腋窝前点**

腋窝前点是在腋窝前裂上，胸大肌附着处的最下端点。通常也被称为前腋点，是测量胸宽的基准点。

**13. 腋窝后点**

腋窝后点是在腋窝后裂上，大圆肌附着处的最下端点。通常也被称为后腋点，是测量后背宽的基准点。

**14. 桡骨点**

桡骨点是桡骨小头上缘的最高点。通常也被称为肘点，既是测量上臂长的基准点，也是确定袖弯线凹势的参考点。

**15. 尺骨茎突点**

尺骨茎突点是尺骨茎突的下端点。

**16. 桡骨茎突点**

桡骨茎突点是桡骨茎突的下端点。

**17. 外踝点**

外踝点是腓骨外踝的下端点。

**18. 胫骨点**

胫骨点是胫骨上端内侧的髁内侧缘上最高的点。

**19. 大转子点**

大转子点是股骨大转子的最高点。

**20. 会阴点**

会阴点是左、右坐骨结节最下点连线的中点。

**21. 前腰围中点**

前腰围中点是腰围线的前中点。

**22. 后腰围中点**

后腰围中点是腰围线的后中点。

**五、测量的主要基准线**

**1. 颈根围线（NL）**

颈根围线是通过左右颈根外侧点（SNP）、颈椎点（BNP）、颈窝点（FNP）得到的围度线，是测量颈根围的基础线。

**2. 胸围线（BL）**

胸围线是通过胸部最高点的水平围度线，是测量人体胸围大小的基准线。

**3. 腰围线（WL）**

腰围线指通过腰部最细处的水平围度线，是测量人体腰围大小的基准线。

4. 臀围线（HL）

臀围线指通过臀部最丰满处的水平围度线，是测量人体臀围大小的基准线。

5. 背中线（BCL）

背中线指经颈椎点、后腰中点的人体纵向左右分界线，是服装后中线的定位依据。

6. 大腿根围线

大腿根围线指大腿根部的水平围度线。

7. 肘围线（EL）

肘围线指经过肘关节一周的线。

8. 腕围线

腕围线指经过腕关节一周的线。

9. 膝围线（KL）

膝围线指经过膝关节的水平围度线。

## 六、测量部位与方法

### （一）水平尺寸

水平测量如图1-24、图1-25所示。

1. 头围

头围指两耳上方水平测量的头部最大围长。

2. 颈围

颈围指用软尺测量经第七颈椎点处的颈部水平围长。

3. 颈根围

颈根围指用软尺经第七颈椎点、颈根外侧点及颈窝点测量的颈根部围长。

4. 肩长

肩长指被测者手臂自然下垂，测量从颈根外侧点至肩峰点的直线距离。

5. 总肩宽

总肩宽指被测者手臂自然下垂，测量左右肩峰点之间的水平弧长。

6. 胸宽

胸宽指过左右前腋窝点间的水平弧长。

7. 背宽

背宽指用软尺测量左右肩峰点分别与左右腋窝点连线的中点的水平弧长。

8. 胸围

胸围指被测者直立，正常呼吸，用软尺经肩胛骨、腋窝和乳头测量的胸部最大水平围长。

9. 胸高点间距（女）

胸高点间距指左、右乳头之间的水平距离，一般女性人体需要测量。

10. 下胸围（女）

下胸围指紧贴着乳房根部的人体水平围长，一般女性人体需要测量。

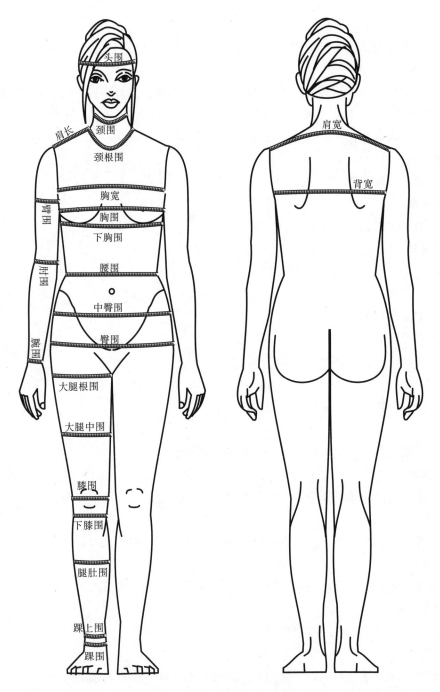

图1-24 人体水平方向测量

**11. 腰围**

　　腰围指被测者直立，正常呼吸，腹部放松时，胯骨上端与肋骨下缘之间自然腰际线的水平围长。

**12. 臀围**

　　臀围指被测者直立，在臀部最丰满处测量的臀部水平围长。如果大腿部较粗或者腹部较大时，可以在前面增加一块薄的纸板进行测量，如图1-26所示。

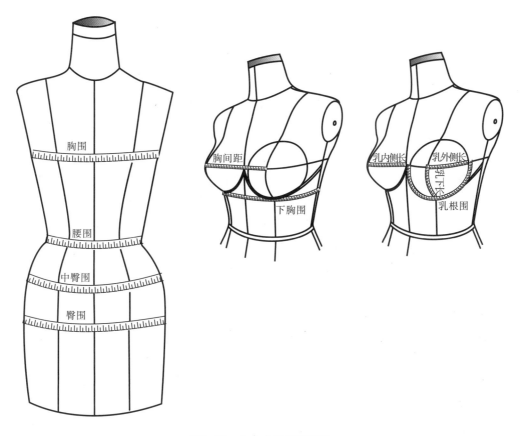

图1-25　人台水平方向测量

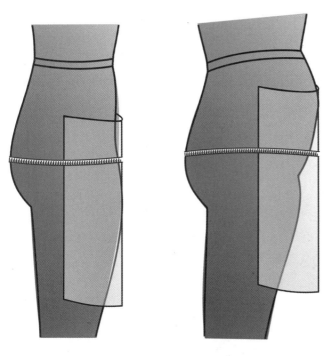

图1-26　粗腿、大腹体型臀围测量方法

13. **中臀围**

中臀围指腰围线与臀围线中间位置的水平围长。

14. **上臂围**

上臂围指被测者直立，手臂自然下垂，在腋窝下部测量上臂最粗处的水平围长。

15. **肘围**

肘围指被测者直立，手臂弯曲约90°，手伸直，手指朝前时，测量的肘部围长。

16. **腕围**

腕围指被测者手臂自然下垂，测量的腕骨部位围长。

17. **掌围**

掌围指被测者右手伸展，四指并拢，拇指分开时，测量掌骨处的最大围长。

18. **手长**

手长指被测者右前臂与伸展的右手成直线，四指并拢，拇指分开时，测量的自中指尖至掌根部第一条皮肤皱折的距离。

19. **大腿根围**

大腿根围指被测者直立，腿部放松时，测量的大腿最高部位的水平围长。

20. **大腿中部围**

大腿中部围指被测者直立，腿部放松时，测量的臀围线与膝围线中间位置的大腿水平围长。

21. **膝围**

膝围指被测者直立，测量的膝部围长。测量时软尺上缘与胫骨点（膝部）对齐。

22. **下膝围**

下膝围指被测者直立时，测量右膝盖骨下部的水平围长。

23. **腿肚围**

腿肚围指被测者直立，两腿稍微分开，体重平均分布两腿时，测量小腿腿肚最粗处的水平围长。

24. **踝上围**

踝上围指被测者直立，测量紧靠踝骨上方最细处的水平围长。

25. **踝围**

踝围指被测者直立时，测量踝骨中部的围长。

26. **足长**

足长指被测者赤足，脚趾伸展，测量最突出的足趾尖点与足后跟最突出点连线的最大直线距离。

27. **身高**

身高指被测者平躺于台面（适用于尚不能站立的婴儿），测量自头顶至脚跟的直线距离。

**（二）垂直尺寸**

垂直测量如图1-27～图1-29所示。

1. **身高（婴儿除外）**

身高指被测者直立，赤足，两脚并拢时，测量的自头顶至地面的垂直距离。

2. **躯干长**

躯干长指被测者直立，测量的自第七颈椎点至会阴点的垂直距离。

3. **腰围高**

腰围高指被测者直立，在体侧测量的从腰际线至地面的垂直距离。

4. **臀围高**

臀围高是指被测者直立，测量自大转子点至地面的垂直距离。

5. **上裆长**

上裆长指用人体测高仪测量自腰际线至会阴点的垂直距离，或者称为直裆长，如图1-27所示。

### 6. 膝围高

膝围高指胫骨点（膝部）至地面的垂直距离。

### 7. 外踝高

外踝高指外踝点至地面的垂直距离。

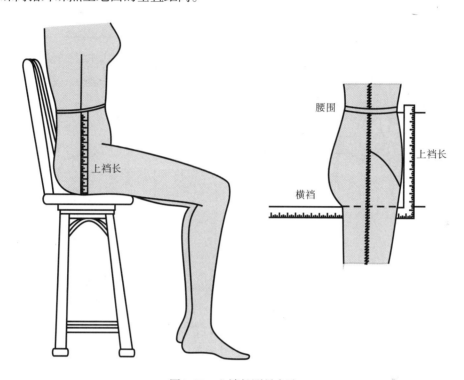

图1-27 上裆长测量方法

### 8. 坐姿颈椎点高

坐姿颈椎点高指被测者直坐于凳面，测量的自第七颈椎点至凳面的垂直距离。

### 9. 腋窝深

腋窝深指用一根软尺经腋窝下水平绕人体一圈，用另一根软尺测量自第七颈椎至第一根软尺上缘部位的垂直距离。

### 10. 背长

背长指用软尺测量自第七颈椎点沿脊柱曲线至腰际线的曲线长度。

### 11. 颈椎点至膝弯长

颈椎点至膝弯长指用软尺测量自第七颈椎点，沿背部脊柱曲线至臀围线，再垂直至胫骨点（膝部）的长度。

### 12. 颈椎点高

颈椎点高指用软尺测量自第七颈椎点，沿背部脊柱曲线至臀围线，再垂直至地面的长度。

### 13. 颈椎点至乳头点长

颈椎点至乳头点长指用软尺测量自第七颈椎点，沿颈部过颈根外侧点，再至乳头点的长度。

## 14. 乳位高

乳位高指用软尺测量自颈根外侧点到乳头点的长度。

## 15. 前腰长

前腰长指用软尺测量自颈根外侧点经乳头点，再至腰际线所得的距离。

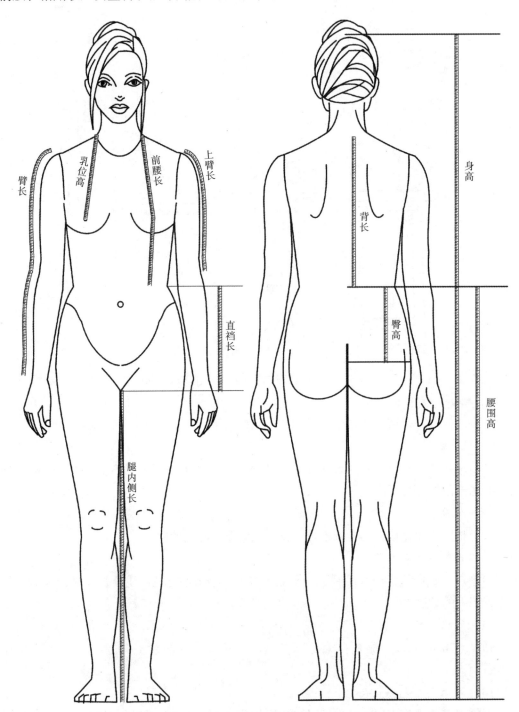

图1-28　人体垂直方向测量（一）

**16.　腰至臀长**

腰至臀长指用软尺测量的从腰际线沿体侧臀部曲线至大转子点的长度，通常称为臀高。

**17.　躯干围**

躯干围指用软尺测量，以右（或左）肩线（颈根外侧点与肩峰点连线）的中点为起点，从背部经腿处过会阴点，经右（或左）乳头再至起点的长度。

**18.　会阴上部前后长（下躯干弧长）**

会阴上部前后长又称下躯干弧长，是用软尺测量自前腰围中点经会阴点至后腰围中点的曲线长。

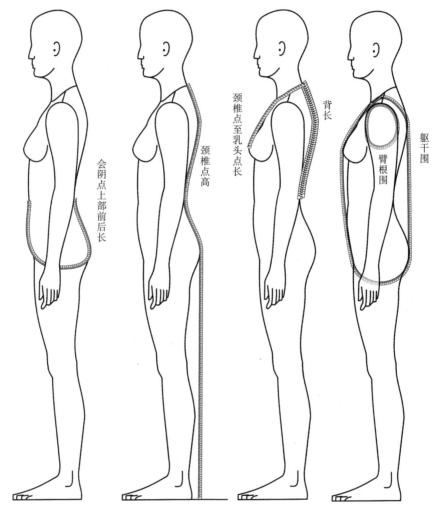

图1-29　人体垂直方向测量（二）

**19.　臂根围**

臂根围指被测者直立，手臂自然下垂，以肩峰点为起点，经前腋窝点和后腋窝点，再至起点的围长。

**20.　上臂长**

上臂长指被测者右手握拳，放在臀部，手臂弯曲成90°，用软尺测量自肩峰点至桡骨点

（肘部）的距离。

21. **臂长**

臂长指被测者右手握拳放在臀部，手臂弯曲成90°，用软尺测量自肩峰点，经桡骨点（肘部）至尺骨茎突点（腕部）的长度。

22. **颈椎点至腕长**

颈椎点至腕长指用软尺测量自颈椎点经肩峰点，沿手臂过桡骨点（肘部）至尺骨茎突点（腕部）的长度。测量时被测者需手臂弯曲成90°，呈水平状。

23. **下臂长**

下臂长指被测者手臂自然下垂，用软尺测量自腋窝中点至桡骨茎突点（腕部）的垂直距离。

24. **腿外侧长**

腿外侧长指用软尺从腰际线沿臀部曲线至大转子点，然后垂直至地面测量的长度。

25. **大腿长**

大腿长指用软尺测量腿内侧自会阴点至胫骨点（膝部）的垂直距离。

26. **腿内侧长（会阴高）**

腿内侧长又称会阴高，是指被测者直立，两腿稍微分开，体重平均分布于两腿时，用软尺测量自会阴点至地面的垂直距离。

**（三）其他尺寸**

1. **肩斜度**

肩斜度是将角度计放在被测者肩线（肩峰点与颈根外侧点的连线）上测量的倾角值，以度为单位。

2. **体重**

体重指被测者稳定地站在体重计上时，体重计显示的数，一般以公斤为单位。

# 第五节　原型的特点和分类

原型的概念是从日语翻译而来的，意指与人体某部位对应的基本样板，又名基本纸样。原型样板以结构合理、合体度强、变化灵活、使用方便、可适应多种服装款式变化为特点，是目前较为科学、理想的结构设计工具之一。

## 一、原型特点

原型法是将大量测得的人体体型数据进行筛选，求得人体基本部位中若干重要的部位，以比例形式来表达其他相关部位结构的最简单的基础样板，然后用基础样板通过省道变换、分割、褶裥等工艺形式变换成结构较复杂的结构图。原型法种类很多，其制图比例与衣片外形变化方法都各有不同。原型制图的特点主要有以下四点。

1. **需测部位尽量少**

在制作一件合体的服装的过程中，如果需测量人体部位的尺寸，则常会因测量者的技术和测量工具的误差而引起偏差。并且由于各部位因素过多，要将这些因素组合起来作图也会增大技术难度。同时，在工业生产中要大量生产适合最大数量消费者穿着需求的产品，所以要求测量很多部位的数据也是不可能的，这时应根据部位相关数据科学地确定最少数量的基本部位，再用基本部位的比例形式去表达大量的非基本部位的尺寸。

**2. 作图过程容易**

原型制图所用的作图工具简单，基本尺寸的运算简便，原型法使用的公式是从大量的人体部位数据采样，经过统计分析而得到的，应该说具有相当的科学性，但公式应尽量简化和实用。

**3. 适用度高**

原型制图既能满足人体静态的美观要求，又能适合人体运动的舒适性要求。在满足这两个条件的基础上，做到适穿者的范围广泛。

**4. 应用、变化容易**

原型不仅要容易制作，还应在用作各类款式的纸样设计时，图形变化方法简单、易懂。


**二、原型分类**

原型有不同的分类方法：

**1. 不同的国家、不同的人种，有不同的原型**

原型可分为英式原型、美式原型、日式原型和中式原型等，而日式原型又有文化式、登丽美式、田中式等。

**2. 按覆盖部位**

原型按覆盖部位，可分为上半身用原型（衣身原型）、上肢袖原型、裙原型、裤原型、上下连体原型等。

**3. 按性别和年龄**

原型按性别和年龄可分为幼儿原型、少年原型、少女原型、成人女性原型、成人男性原型等。

**4. 按合体度**

原型按合体度可分为紧身原型、合身原型、宽松原型等。

# |第二章|
# 原型制图与修正方法

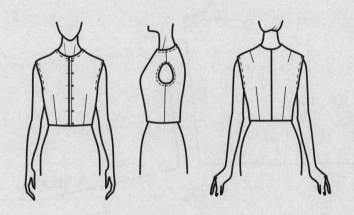

# 第一节　文化式上衣原型制图方法

## 一、上衣原型各部位名称

衣身原型和衣袖原型各部位的名称如图2-1、图2-2所示。

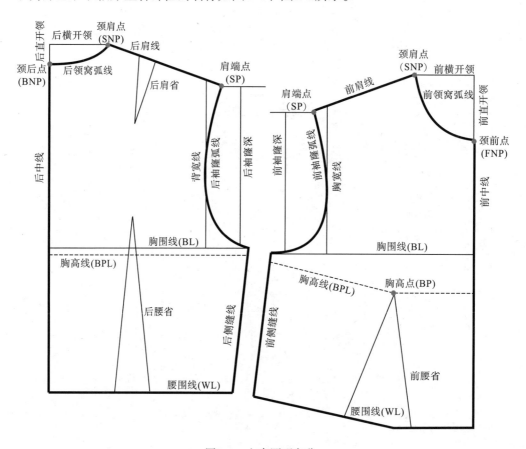

图2-1　衣身原型名称

## 二、必要制图尺寸

制图规格：净胸围（$B$）：82cm，净腰围（$W$）：66cm，背长：38cm，袖长：52cm。

## 三、衣身纸样绘制

### 1. 基础线

文化式原型衣身纸样的基础线如图2-3所示，绘制方法和步骤如下：

（1）长方形：长=$B$/2+5cm=46（cm）；宽=背长38（cm）。

（2）袖窿深线（胸围线）：$B$/6+7cm=20.7（cm）。

（3）背宽线：$B$/6+4.5cm=18.2（cm）。

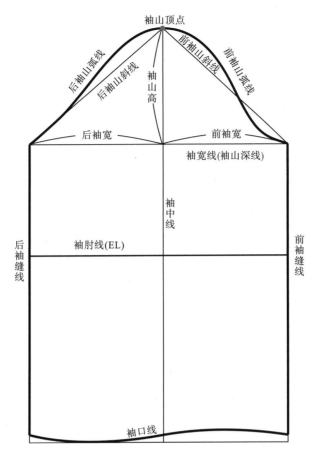

图2-2 衣袖原型名称

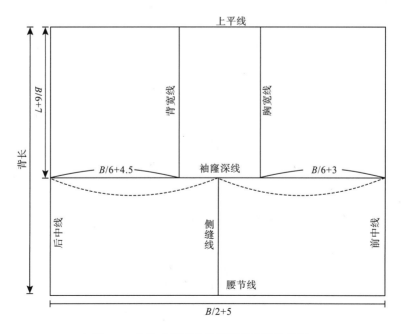

图2-3 文化式原型衣身纸样基础线的绘制

（4）胸宽线：$B/6+3cm=16.7$（cm）。

（5）侧缝线：过袖窿深线中点向下作垂线。

## 2. 衣片轮廓线

文化式原型衣片轮廓线如图2-4所示，绘制方法和步骤如下：

（1）后领宽：$B/20+2.9cm=7$（cm）。

（2）后领高：◎$/3=2.3$（cm）。

（3）前领深：◎$+1cm=8$（cm）。

（4）前领宽：◎$-0.2cm=6.8$（cm）。

（5）后肩点落：上平线向下，距离背宽线2cm。

（6）前肩点落：2◎$/3$。

（7）前肩斜线长度：后肩斜线长度$-1.8cm$。

（8）胸高点（BP）：前胸宽中点向胸宽线方向偏离0.7cm，再向下4cm。

（9）前片放低量：前领宽/2。

（10）侧缝线：腰节线处向左偏2cm。

（11）如图画出轮廓线，并加粗线条。

（12）省道和袖窿前、后对位点，如图2-5所示。

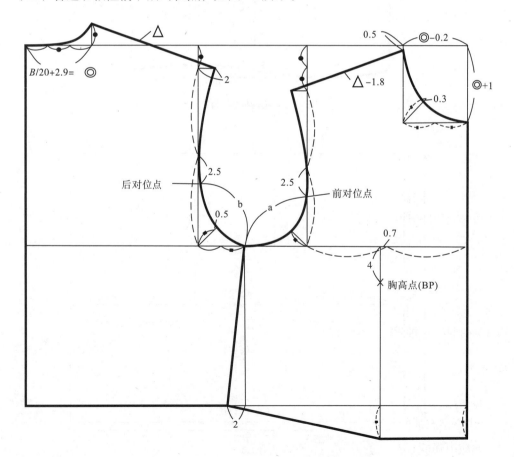

图2-4　文化式原型衣身纸样轮廓线绘制

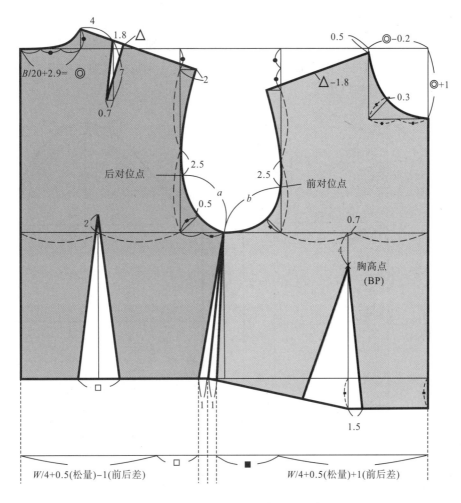

图2-5　文化式原型衣身纸样省道

## 四、袖片纸样绘制

必要制图尺寸：前袖窿弧线长（前AH）；后袖窿弧线长（后AH）；袖长：52cm。

### 1. 基础线绘制

文化式原型衣袖的基础线如图2-6所示，绘制方法和步骤如下：

（1）作十字线：竖线为袖中线；横线为袖山深线。

（2）袖山高：AH/4+2.5cm（AH为袖山弧线总长）。

（3）袖肘线：袖长中点下2.5cm作水平线。

（4）后袖山斜线：后AH+1cm。

（5）前袖山斜线：前AH。

### 2. 轮廓线

文化式原型衣袖的轮廓线如图2-7所示，绘制方法和步骤如下：

（1）袖山弧线：前袖山斜线四等分，第一等分点垂直于前袖山斜线向外1.8cm取一点；第二等分点沿前袖山斜线向下1cm取一点；第三等分点垂直于前袖山斜线向内1.3cm取一点；

在后袖山斜向上从袖山顶点量取前袖山斜线的1/4等分处，向外作垂直于后袖山斜线垂线，在1.5cm处取一点；如图2-7所示，过这些所取点，画顺袖山弧线。

（2）袖口弧线：前袖缝向上1cm；前袖口中点向上1.5cm；后袖口中点；后袖缝向上1cm；分别过这些点画顺袖口弧线。

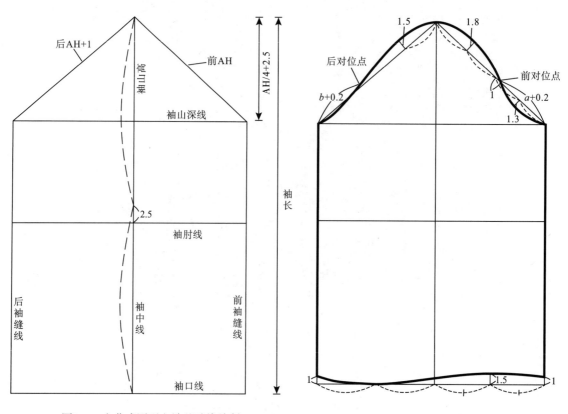

图2-6　文化式原型衣袖基础线绘制　　　　图2-7　文化式原型衣袖轮廓线绘制

# 第二节　新文化式上衣原型制图方法

### 一、衣身原型

#### 1. 作基础线

衣身纸样的基础线如图2-8所示，绘制方法和步骤如下：

（1）背长线：以④点为后颈点向下取背长38cm作为后中心线。

（2）腰围线（WL）：过背长线的端点作水平线，并确定衣身宽（前后中心之间的宽度）$B/2+6cm$。

（3）胸围线（BL）：从④点向下量取$B/12+13.7cm$作水平线确定胸围线。

（4）前中心线：垂直于WL线画前中心线。

（5）后背宽：在BL线上，由后中心线向前中心线方向取后背宽线$B/8+7.4cm$确定©点。

（6）后背宽线：经©点向上画背宽垂直线。

（7）后上平线：经④点画水平线与背宽线相交。

（8）肩省的省尖点：由Ⓐ点向下8cm处画一水平线与背宽线相交于Ⓓ点。将后中心线至Ⓓ点的中点向背宽方向取1cm确定为Ⓔ点作为肩省的省尖点。

（9）前上平线位置点：在前中心线上从BL线向上取$B/5+8.3$cm，确定Ⓑ点。

（10）前上平线：通过Ⓑ点画一条水平线。

（11）前胸宽：在BL线上由中心线取胸宽为$B/8+6.2$cm。

（12）前胸宽线：向上作垂线即为胸宽线。

（13）在BL线上，沿胸宽线向后中心线方向取$B/32$作为Ⓕ点。

（14）侧缝线：沿Ⓒ、Ⓕ的中点向下作垂直的侧缝线。

（15）过Ⓒ、Ⓓ两点的中点向下0.5cm的点作水平线Ⓖ线。

（16）由Ⓕ点向上作垂直线与Ⓖ线相交得Ⓖ点。

（17）胸高点：由胸宽的中点位置向后中心线方向取0.7cm确定BP点。

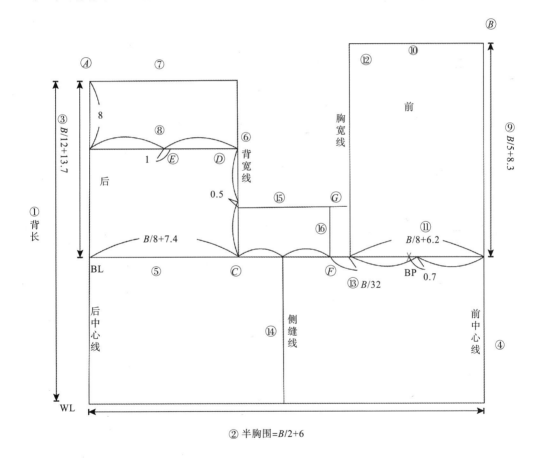

图2-8　新文化原型基础线

## 2. 绘制轮廓线

衣片的轮廓线如图2-9所示，绘制方法和步骤如下：

（1）前领口弧线：由Ⓑ点沿水平线取$B/24+3.4$cm=◎（前领口宽），确定SNP点。由Ⓑ点向下取前领口深◎+0.5cm确定FNP点并作领口矩形，将矩形对角线将其进行三等分。过SNP、FNP及矩形对角线的三等分点沿对角线向下0.5cm，如图画圆顺前领口弧线。

（2）前肩斜线：以SNP为基准确点取22°的前肩倾角度，与胸宽线相交后延长1.8cm确定前肩斜线。

（3）后领口弧线：由Ⓐ点沿水平线取◎+0.2cm（后领口宽），取其1/3作这后领口深的垂直长度，并确定SNP点，如图画圆顺后领口线。

（4）后肩斜线：以SNP为基准点取18°的后肩倾斜角度，在此斜线上取前肩斜线长+后肩省（$B/32-0.8$cm）作后肩斜线。

（5）后肩省：通过Ⓔ点，向上作垂直线与肩线相交，由交点位置向肩点方向取1.5cm作为省道的起始点。并取$B/32-0.8$cm作为后肩省的大小，连接省道线。

（6）后袖窿弧线：由Ⓒ点作45°作斜线，在线上取▲+0.8cm作为袖窿参考点，以背宽线作袖窿弧切线，通过肩点经过袖窿参考点画顺后袖窿弧线。

（7）前胸省：由Ⓕ点作45°倾斜线，在线上取▲+0.5cm作为袖窿参考点，经过袖窿深点、袖窿参考点和Ⓖ点画圆顺前袖窿弧线的下半部分。以Ⓖ点和BP点连线为基准线，向上取（$B/4-2.5$cm）°夹角作为胸省量。

（8）前袖窿弧线：通过胸省长的位置点与肩点画顺袖窿线上半部，注意胸省合并时袖

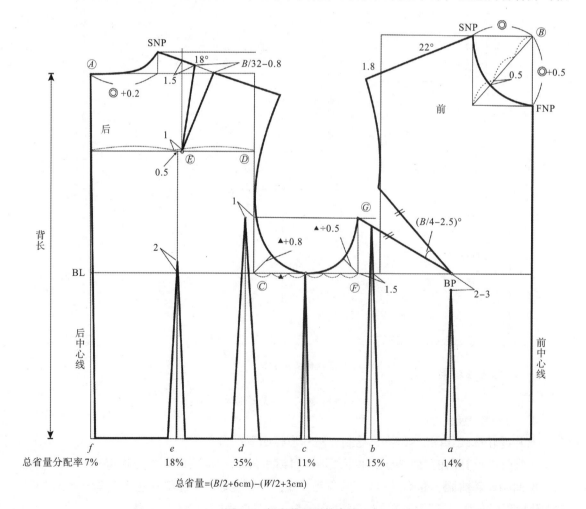

图2-9　新文化原型轮廓线

线要圆顺。

（9）腰省位：

*a*省：由BP点向下2～3cm作省尖，向下作WL垂线作省道中心线。

*b*省：由Ⓕ点向右取1.5cm作垂直线与WL线相交，作为省道中心线。

*c*省：将侧缝线作省道中心线。

*d*省：参考Ⓖ线的高度，由背宽线向后中心方向取1cm，由该点向下作垂线交于WL线，作省道中心线。

*e*省：由Ⓔ点向后中心线方向0.5cm取一点，通过该点作WL线垂直线，即作为*e*省的中心线。

*f*省：将后中心线作为省道的中心线。

各省量以总省量为依据参照比率计算，以省道中心线为基准，在其两侧取等分省量。

## 二、袖原型制图

新文化式女子衣袖原型纸样制作是在衣身袖窿曲线的基础上进行的。如图2-10所示，将上半身原型的袖窿省闭合，以此时前后肩点的高度为依据，在衣身原型的基础上绘制袖原型。

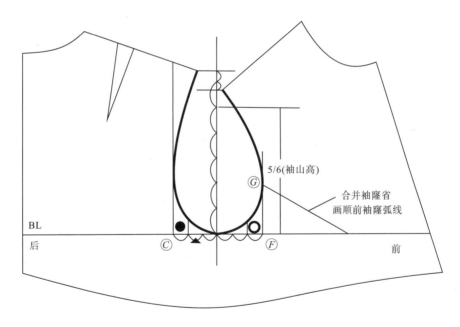

图2-10　袖山高的确定方法

### 1. 绘制基础框架

绘制的新文化原型袖子基础线如图2-11所示，绘制方法和步骤如下：

（1）拷贝衣身原型的前后袖窿，将前袖窿省闭合，画圆顺前后袖窿弧线。

（2）确定袖山高度：将侧缝线向上延长作为袖中线，并在该线上确定袖山高。

方法是：计算由前后肩点高度的1/2位置点到BL线之间的高度，取其5/6作为袖山高。

（3）确定袖肥：由袖山顶点开始，向前片的BL线取斜线长等于前AH，向后片的BL线取斜线长等于后AH+1cm+★（不同胸围对应不同★值，77cm≤*B*≤84cm，★=0；

85cm≤B≤89cm，★=0.1cm；90cm≤B≤94cm，★=0.2cm；95cm≤B≤99cm，★=0.3cm；100cm≤B≤104cm，★=0.4cm）；向下作前后袖缝线。

2. 轮廓线的制图

新文化原型袖子的轮廓线如图2-12所示，绘制方法和步骤如下：

（1）将衣省袖窿弧线上●至○之间的弧线拷贝至袖原型基础框架上，作为前、后袖山弧线的底部。

（2）绘制前袖山弧线：在前袖山弧线上沿袖山顶点向下取前AH/4的长度，由该位置点作前袖山斜线的垂直线，并取1.8～1.9cm的长度，沿袖山斜线与G线的交点向上1cm作为袖窿弧线的转折点，经过袖山顶点和两个新的定位点及袖山底部画圆顺前袖窿弧线。

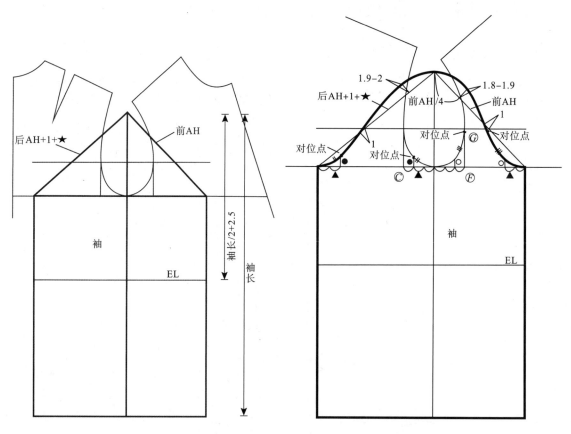

图2-11 新文化原型袖子基础线　　　　图2-12 新文化原型袖子的轮廓线

（3）绘制后袖山弧线：在后袖山斜线上沿袖山顶点向下量取前AH/4的长度，由该位置点作后袖山斜线的垂直线，并取1.9～2cm的长度，沿袖山斜线和G线的交点向下1cm作为后袖窿弧线的转折点，经过袖山顶点、两个新的定位点及袖山底部画圆顺后袖窿线。

（4）确定对位点：前对位点，在衣身上测量侧缝至G点的前袖窿弧线长，并由袖山底部向上量取相同的长度确定前对位点。

后对位：将袖山底部画有●印的位置点作为对位点。

# 第三节　登丽美原型制图方法

登丽美原型是取人体腰以上胸围加放8cm基本松量而得。分前身原型、后身原型、一片袖原型、二片袖原型。登丽美原型参考尺寸见表2-1。

表2-1　登丽美原型参考尺寸　　　　　　　　　　　　单位：cm

| 部位 | 7号（S） | 9号（M） | 11号（ML） | 13号（L） | 15号（LL） | 17号（3L） |
|---|---|---|---|---|---|---|
| 颈围 | 35 | 36.5 | 38 | 39.5 | 40.5 | 41.5 |
| 小肩宽 | 12 | 12.5 | 13 | 13.5 | 14 | 14.5 |
| 背宽 | 33 | 35 | 37 | 38 | 39 | 40 |
| 背长 | 37 | 38 | 40 | 40 | 41 | 41 |
| 胸宽 | 32 | 33 | 34 | 35 | 36 | 37 |
| 胸高 | 16.5 | 17 | 18 | 19 | 20 | 21 |
| 净胸围 | 80 | 82 | 86 | 90 | 94 | 98 |
| 袖长 | 51 | 53 | 53 | 56 | 56 | — |
| 臂围 | 26 | 28 | 30 | 31 | 32 | — |
| 掌围 | 19 | 20 | 21 | 22 | 23 | — |

## 一、必要制图尺寸

以中码为例制图规格：颈围（$N$）：36.5cm，小肩宽：12.5cm，背宽：35cm，背长：38cm，胸宽：33cm，胸高：17cm，净胸围（$B$）：82cm，袖长：53cm，臂围：28cm，掌围：20cm。

## 二、衣身纸样绘制

### 1. 基础线

登丽美原型的衣身基础线如图2-13所示，绘制方法及步骤如下：

（1）后中线：从颈后点（BNP）向下作垂线，取背长38cm。

（2）下平线：过后中线下端点作水平线，取（$B$+8cm）/2，其中8cm为胸围的基本松量。

（3）前中线：过下平线左端点作垂线。

（4）袖窿深点：从BNP向下取背长/2+2cm，确定一点。

（5）胸围线：过袖窿深点作水平线，与前中线相交。

（6）后直开领：从BNP向上取2cm，并向左作水平线，即为后上平线。

（7）后横开领：在后上平线上量取$N$/6+0.7cm=◎，确定后颈肩点（SNP）。

（8）过后颈肩点（SNP）在后上平线上量取小肩宽12.5cm。

（9）向下取5cm，将端点与后颈肩点（SNP）连成直线，即为后肩线。

（10）后肩端点（SP）：从后颈肩点（SNP）沿着后肩线取小肩宽12.5cm得到后肩端点（SP）。

（11）背宽线：从BNP向下取12.5cm，作水平线确定背宽线的位置。

（12）背宽：取背宽/2。

（13）过胸围线的左端点在前中线上向上取背长/2+1.5cm，作前上平线。

（14）前横开领：在前上平线上量取后横开领大◎−0.2cm，确定前颈肩点（SNP）。

（15）前直开领：在前中线上向下取7.5cm，确定颈前点（FNP）。

（16）胸宽线：从颈前点（FNP）到胸围线取中点，过中点作水平线，取胸宽/2。

（17）过前颈肩点（SNP）取小肩宽12.5cm。

（18）向下取4cm，将端点与前颈肩点（SNP）连成直线，即为前肩线。

（19）前肩端点（SP）：从前颈肩点（SNP）沿着后肩线取小肩宽12.5cm得到前肩端点（SP）。

（20）胸高点的位置：从前颈点（FNP）沿着前中线向下取胸高，作水平线。

（21）胸高点：取乳间距/2得到胸高点（BP）。

（22）侧缝线：将胸围线两等份，等分点向下作垂线，即为侧缝线。

（23）侧缝线向下0.5cm定一点，则为侧缝的端点。

（24）从前中线向下3.5cm，则为前中线的端点。

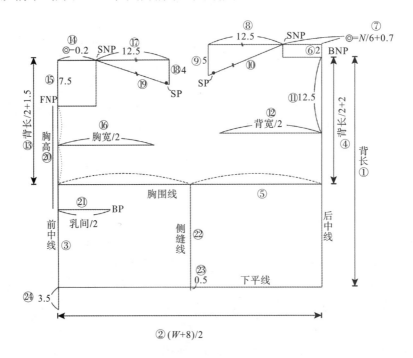

图2-13　登丽美原型的衣身基础线

## 2. 轮廓线基础线

如图2-14所示，连接各端点，画出前后中线、肩线以及画顺前后领窝弧线、前后袖窿弧线。

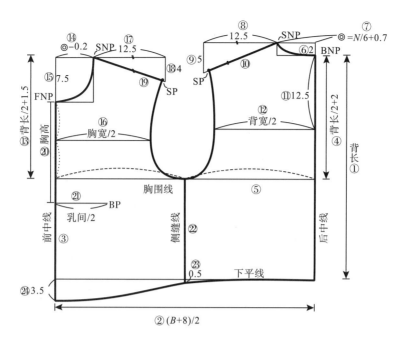

图2-14 登丽美原型衣身轮廓线

## 三、一片袖纸样绘制

登丽美原型一片袖基础线如图2-15所示，绘制方法及步骤如下：

### 1. 基础线

（1）袖中线：从袖山顶点向下作垂线，取袖长53cm，并作水平线，即为袖口线。

（2）袖口大：前后袖口大分别为掌围/2+5cm。

（3）袖宽线：从袖山顶点向下取袖山高=13cm，作水平线，就为袖宽线。

（4）在前、后袖宽线上分别取臂围/2+3.5cm，即为前、后袖宽。

（5）前袖山斜线：连接袖山顶点与袖宽线右端点。

（6）后袖山斜线：连接袖山顶点与袖宽线左端点。

（7）前袖缝线：连接袖宽线和袖口线的两个左端点。

（8）后袖缝线：连接袖宽线和袖口线的两个右端点。

（9）袖肘线位置：过袖山顶点向下取袖长/2+2.5cm，即为袖肘线的位置。

（10）袖肘线：在袖肘线的位置作水平线并于前后侧缝相交。

（11）三等分前后袖宽线：将前口袖宽线分别进行三等分；过三等分点分别向上作垂线并于前、后袖山斜线相交。

（12）在最右端与前袖山斜线交点的向下2cm取一点。

（13）在第二个与前袖山斜线交点的向上2cm取一点。

（14）在最右端与后袖山斜线交点的向上2.5cm取一点。

（15）第二个与后袖山斜线交点到的后袖宽的端点进行等分，过等分点作后袖山斜线的垂线，0.5cm取一点。

（16）前袖缝线与袖肘线的交点向左0.7~0.8cm取一点。

（17）后袖缝线与袖肘线的交点向右0.7~0.8cm取一点。

**2. 轮廓线基础线**

如图2-16所示，连接各端点，画出前后袖口线、袖缝线，画顺前后袖山弧线。

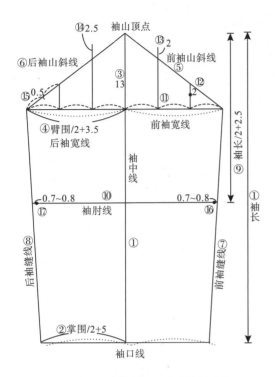

图2-15　登丽美原型一片衣袖基础线

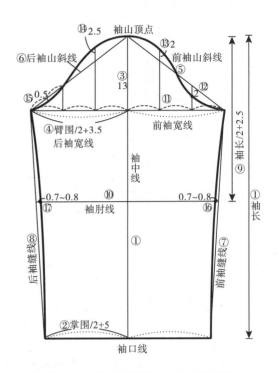

图2-16　登丽美原型一片衣袖轮廓线

## 四、两片袖纸样绘制

登丽美原型的两片袖基础线如图2-17所示，绘制方法及步骤如下：

**1. 基础线**

（1）袖长线：过A点向下作垂线，取AB=袖长53cm。

（2）袖宽线：过A点作水平线，取臂围/2+3.5cm+5cm。

（3）过C点向下作垂线。

（4）过B点作水平线与C点向下的垂线交于D点。

（5）袖肘线：过A点向下作垂线，取袖长/2+2.5cm，作水平线，即为袖肘线。

（6）过C点向下作垂线，取袖宽/4+1.5cm得到E点。

（7）过A点向下作垂线，取袖宽/2+1.5cm得到F点。

（8）将AC等分，等分点向左1cm得到O点，连接OE。

（9）连接OF。

（10）过E点作水平线，并与OF交于I点，取EG=6cm。

（11）过F点作水平线，取FH=5cm。

（12）等分GH，过中点向下作GH的垂线，在垂线取3cm。

（13）等分OE，过中点向上作OE的垂线，在垂线取1.7cm。

（14）等分OI，过中点向上作OI的垂线，在垂线取2.5cm。

（15）过I点在直线EI取2cm。

（16）B点向上取2cm得到M点。

（17）过D点向右取袖宽/4+1cm得到N点。

（18）连接MN，在MN上从N点取掌围/2+2cm+2cm，得到K点。

（19）从K点，沿着直线MN取4cm作一点。

（20）沿袖肘线1cm向右取P点，过P点再向右取3cm。

（21）沿袖肘线3cm向左取Q点，过Q点再向左取4.5cm。

**2. 轮廓线基础线**

如图2-18所示连接各端点，画出大小袖的袖口线、袖缝线并画顺袖山弧线。

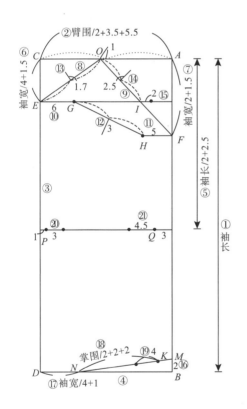

图2-17 登丽美原型的两片衣袖基础线

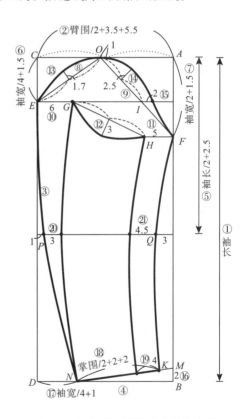

图2-18 登丽美原型两片衣袖轮廓线

# 第四节 裙子原型制图方法

## 一、裙子基本型各部位的名称

裙子各部位的名称如图2-19所示。

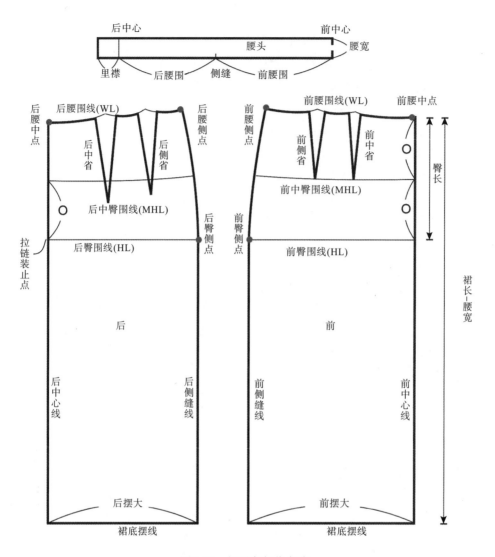

图2-19　裙子各部位名称

## 二、必要制图尺寸

净腰围：$W$=66cm，净臀围：$H$=90cm，臀高=18cm，裙长=63cm，腰宽=3cm。

### 1. 基础线

裙子基本型结构如图2-20所示，绘制的方法和步骤如下：

（1）作矩形：长为裙长-3cm（腰宽），宽为裙宽$H$/2+（2~4）cm。

（2）臀围线：向下量取臀高18cm作臀围线。

（3）侧缝线：在臀围线上的中点向后片偏离1cm取一点，过该点作臀围线的垂线，该垂线为侧缝线的辅助线。

（4）在矩形的正上方作水平线$AB$，$AB$与裙宽相同。

（5）延长侧缝线交直线$AB$于$C$点。

（6）在直线$AB$上取后腰大$AD$=［$W$+1（松量）］/4-2cm（前、后差），取前腰大$BE$=

[$W$+1（松量）]/4+2cm（前、后差）。

（7）将$CE$进行三等分，每份为"□"。

（8）如图取$CF$=□，将$DF$等分，每份为"■"。

（9）如图前、后侧缝在腰围水平线各收进"□"画前、后侧缝线，向上顺延1.2cm作为前、后侧腰点。

（10）后腰中点向下0.5cm，前腰中点不变，分别画顺前、后腰线。

（11）如图将前、后臀围线分别进行三等分，过三等分点向上作垂线交于前、后腰线。后腰中省偏离三等分点0.5cm向上作垂线交于后腰线。

（12）如图2-20所示进行省量分配。

（13）将臀高进行两等分，过等分点作水平线交前侧腰省中线于$M$点。

（14）后腰中省中线距离臀围线5cm取点$N$，连接$MN$。

（15）如图确定前、后腰省的省尖点位，画出前、后腰省线。

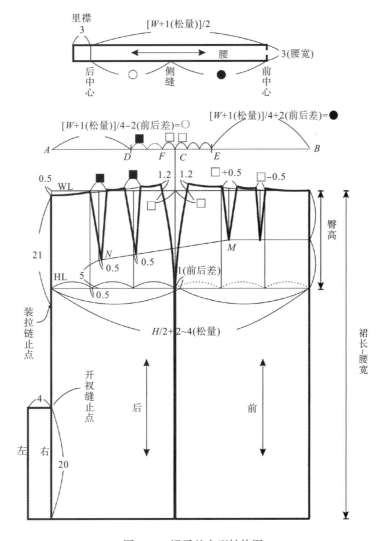

图2-20　裙子基本型结构图

### 2．裙片轮廓线

（1）如图2-20所示画出裙腰和后开衩位。

（2）将裙子的轮廓线加粗。

（3）标出经向线。

### 三、修正腰口弧线

为保证腰口线缝合后顺直，需要在纸样腰省和前、后侧缝拼合后修顺腰口线，操作步骤如下：

（1）如图2-21所示，折叠省道，拼合前、后侧缝，画顺腰围线，然后沿画顺的腰围线剪开。

图2-21　修顺腰围线方法

（2）将修顺后的裙片拷贝下来，就可以得到修顺腰线的裙子的纸样，如图2-22所示。

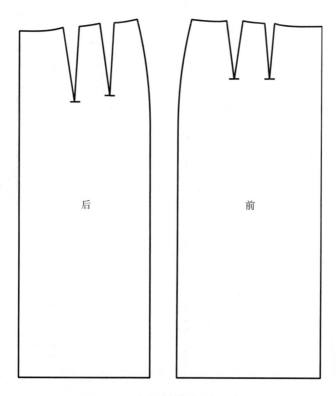

图2-22　修顺腰围线的裙子纸样

# 第五节　原型修正方法

## 一、衣身原型

合体的原型应该是领窝弧线与人体的颈部服帖，袖窿弧线与人体臂根部服帖，肩线、侧缝位置不偏斜，胸部不收紧也不松弛，腰部呈水平状态，服装丝缕顺直，无拖拽，无压迫感，如图2-23所示。

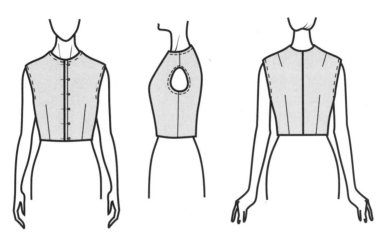

图2-23　着装效果图

### 1. 平肩体

平肩体肩部较平，肩斜度相对较小，肩部会出现横向拖拽纹，如图2-24所示。可以通过提高肩端点来减少原型的肩斜度达到合体，如图2-25所示。如果试衣者的袖窿大小合适，在提高肩端点的同时，也应相应地提高袖窿深线的位置。前后肩端点向上■，袖窿相应提升■，然后画顺袖窿弧线，如图2-26所示。

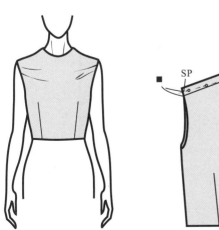

图2-24　着装效果图

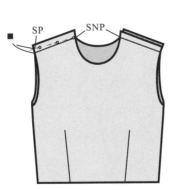

图2-25　着装修正图

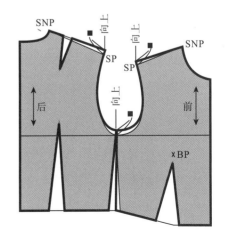

图2-26　结构图修正

### 2. 溜肩体

溜肩体与平肩体正好相反，肩斜度相对较大，肩部会出现斜向的皱纹，如图2-27所示。可以通过降低肩端点来减少原型的肩斜度，从而达到合体，如图2-28所示。如果试衣者的袖窿大小合适，在降低肩端点的同时也相应降低袖窿深线的位置，否则会导致袖窿的活动量不够。如图2-29所示，前后肩端点向下■，袖窿相应向下■，然后画顺袖窿弧线。另一种处理办法就是根据肩斜的程度在肩部加不同厚度的垫肩。

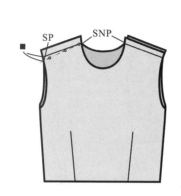
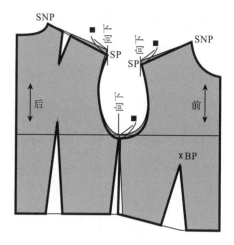

图2-27　着装效果图　　　　图2-28　着装修正图　　　　图2-29　结构图修正

### 3. 大胸体

大胸体胸部较大，胸部上下形成拖拽纹，前腰线上提，不呈水平状态，如图2-30所示。试穿时，按图剪开胸围线，增加布料，直至腰线呈水平状态，重新收腰省，调节侧缝，如图2-31所示。结构图修正如图2-32所示，将纸样剪开，拉开■，也就是前中布料的增加量■，调整腰省量，与试身时收进的腰省量相同2▲，调整侧缝，使前腰线长与人体试身样衣前腰线长度相等，调整袖窿弧线。

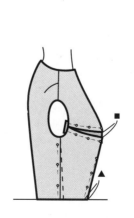
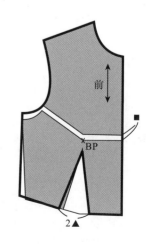

图2-30　着装效果图　　　　图2-31　着装修正图　　　　图2-32　结构图修正

## 4. 平胸体

平胸体与大胸体相反，胸部较小，胸部上下形成过多的余量，前腰线下沉，不呈水平状态，如图2-33所示。试穿时，如图2-34所示，折叠胸部的布料，直至腰线呈水平状态，重新收腰省，调节侧缝。结构图修正如图2-35所示，剪开原型样板，将上下样板重叠，样板重叠量与试身时折叠量相同2□，颈前点到胸高线的距离与试身距离相等，同为■，与试身时收进的腰省量相同2△，减少的腰省▲，在侧缝处也相应减少▲，使前腰线长与人体试身样衣前腰线长度相等，调整袖窿弧线。

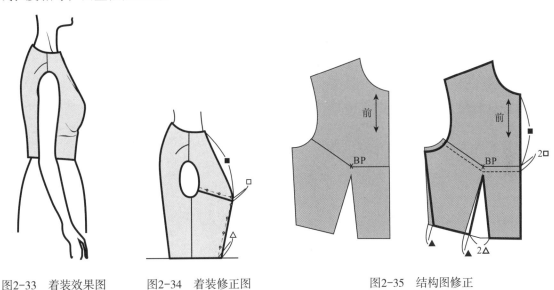

图2-33　着装效果图　　　图2-34　着装修正图　　　　　图2-35　结构图修正

## 5. 鸡胸体

鸡胸体在胸线以上胸部肋骨向前凸出，前腰线上提，不呈水平状态，如图2-36所示。试穿时，增加布料，直至腰线呈水平状态，重新收腰省，调节侧缝，如图2-37所示。纸样修正时，如图2-38所示，测量样衣的颈前点到剪开位置的长度■，同样在纸样上测量相同的长度■，作

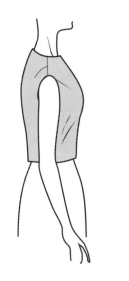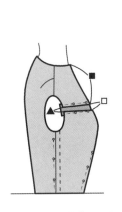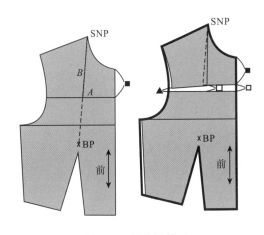

图2-36　着装效果图　　　图2-37　着装修正图　　　　　图2-38　结构图修正

水平线，即为第一条剪开A线，连接BP和SNP两点，确定第二条剪开B线，将A线和B线剪开，将下半片向下拉开□距离与试衣时增加的量相同，SNP点不动作为旋转点转动B线左侧片，使其呈交叉状，直至袖窿部分张开的距离与试衣时袖窿增加的量相同，调整侧缝，使前腰线长与人体试身样衣前腰线长度相等，调整袖窿弧线。

### 6. 锁骨外凸体

锁骨外凸，导致肩部有绷紧感，形成褶皱，如图2-39所示。试穿时，将肩部剪开，增加布料，如图2-40所示。调整纸样时按试身样衣的做法进行调整，如图2-41所示。

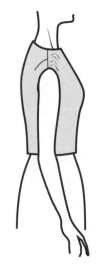
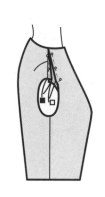
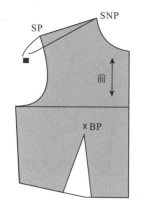
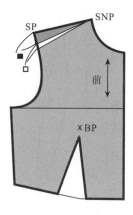

图2-39　着装效果图　　　　图2-40　着装修正图　　　　　　图2-41　结构图修正

### 7. 背中驼背体

背中驼背体，其体型特点是后背中部凸出。后腰线上提，不呈水平状态，如图2-42所示。试穿时，将背部横向剪开，增加布料，直至腰线呈水平状态，重新收肩省，调节侧缝，如图2-43所示。纸样修正时，如图2-44所示，测量样衣的颈后点到剪开位置的长度■，同样在纸样上测量

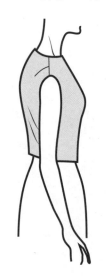

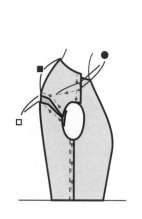
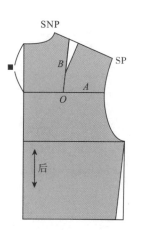
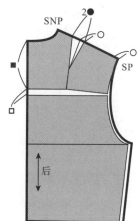

图2-42　着装效果图　　　　图2-43　着装修正图　　　　　　图2-44　结构图修正

相同的长度■，作水平线，即为第一条剪开*A*线，将左侧省线向下延长与*A*线相交于*O*点，确定第二条剪开*B*线，将*A*线和*B*线剪开，将下半片向下拉开□距离与试衣时增加的量相同，*O*点不动作为旋转点转动*B*线右侧片，直至肩省领与试身样衣的肩省量2●相同为止。再将肩省多收的量○在肩端点放出，然后调整侧缝，使前腰线长与人体试身样衣前腰线长度相等，调整袖窿弧线。

### 8. 背部驼背厚身体

背部驼背厚身体，其体型特点是后背驼且多肉，如图2-45所示。后腰线上提，不呈水平状态。试穿时，将背部横向剪开，增加布料，直至腰线呈水平状态，增大后横开领，调节侧缝，如图2-46所示。纸样修正时，如图2-47所示，测量样衣的颈后点到剪开位置的长度■，同样在纸样上测量相同的长度■，作水平线，即为剪开线，将下半片向下拉开□距离与试衣时增加的量相同。增大后横开领0.5~1cm，将增加的量在肩端点放出。然后调整侧缝，使前腰线长与人体试身样衣前腰线长度相等，调整袖窿弧线。

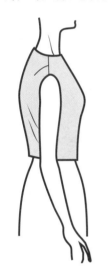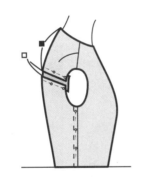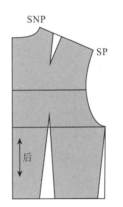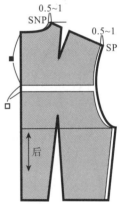

图2-45　着装效果图　　图2-46　着装修正图　　　　图2-47　结构图修正

### 9. 脖子前倾后领起空

后领空着装效果如图2-48所示。在试衣时，做领省，省尖点与肩省省尖重合，在修正样板时，将领省转移到肩省，与肩省合并，如图2-49所示，如果要保持肩省的大小不变，可以将在肩省处增加的量在肩端去除，如图2-50所示。

或者直接减少横开领，将减少的部分在肩端点去除。

还有一种情况，后领空且背长不够，着装效果如图2-51所示。处理方法与图2-49所示相似，如图2-52所示。在颈后中点和颈侧点向上一点量满足人体背长的需要，如图2-53所示。

### 10. 前、后直开领偏小

前后直开领偏小，如图2-54所示，试穿时，直接在肩缝缝头放出，如图2-55所示，做纸样修正时，直接提高前后颈侧点，或者如图2-56所示切开并展开。

### 11. 中老年人体型略前倾

中老年人体型略向前倾，如图2-57所示。提高后片颈侧点增加后背长，减短前长，调整

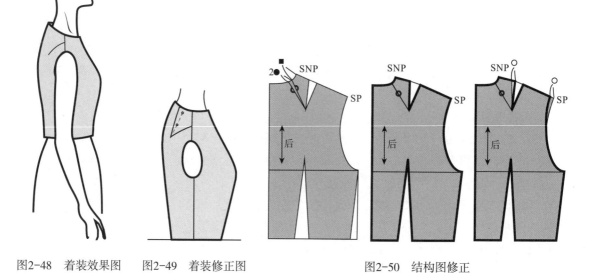

图2-48　着装效果图　　图2-49　着装修正图　　　　　　　图2-50　结构图修正

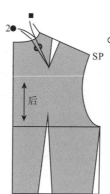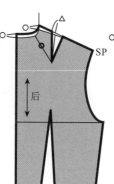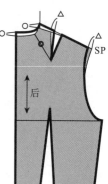

图2-51　着装效果图　图2-52　着装修正图　　　　　图2-53　结构图修正

袖窿弧线，如图2-58所示。

### 12. 中老年前倾含胸体

前倾含胸体，前腰长出，后腰翘起，如图2-59所示。如图2-60所示，应减短前片的长度，增加后片的长度，使其与人体前长和后长相等。后肩线的长度比前肩线长0.5cm左右，作为缩缝量，降低袖窿深线，增加袖窿弧线长，调整前后侧缝线的位置，将后袖窿省转为后领省，画顺袖窿弧线。

### 13. 扁平体

扁平体，通常身体扁平，肩部较宽且平，左右颈侧点距离较大，如图2-61所示。可以通过增大横开领和肩宽，提升肩端点的方法修正纸样。如果袖窿下出现斜向纹路，说明袖窿深不够，同时增加袖窿深，如图2-62所示。

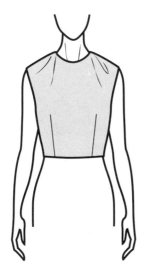

图2-54 着装效果图

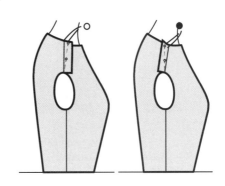

图2-55 着装修正图

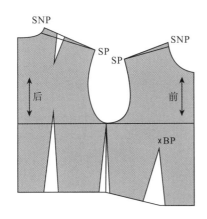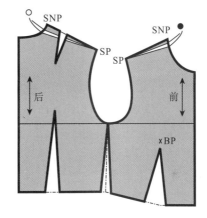

图2-56 结构图修正

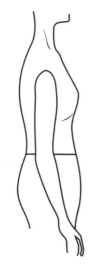

图2-57 人体体型图

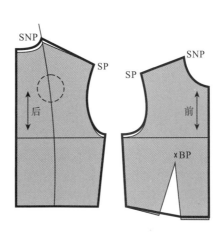

图2-58 结构图修正

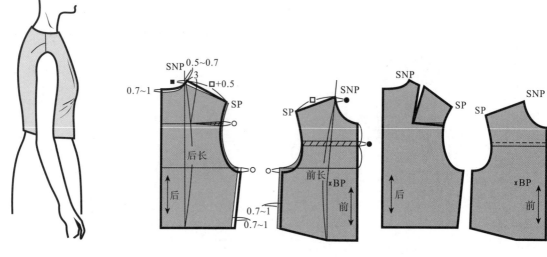

图2-59 着装效果图　　　　　　　　　　　图2-60 结构图修正

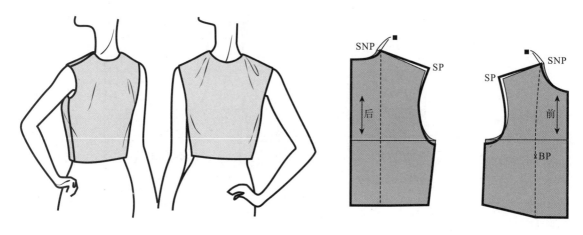

图2-61 着装效果图　　　　　　　　图2-62 结构图修正

### 14. 肥胖圆形体

肥胖圆形体，胸围较大，肩较窄，如图2-63所示。按正常原型的计算方法画出的原型，存在肩偏宽、袖窿偏深、横开领偏大、后背长不够的问题。在做纸样调整时，需要将以上这几个部位进行调整，如图2-64所示。

## 二、裙子原型

### 1. 大腹体

大腹体体型腹部较大，裙子前片上翘，裙摆上提，不呈水平状态，如图2-65所示。试穿时，剪开腹部横向剪开，增加布料，直至裙摆呈水平状态，必要时调节侧缝，如图2-66所示。同样剪开纸样，如图2-67所示，拉开■，也就是前腹部布料的增加量■，调整腰省量。

### 2. 蜂腰体

该体型腰部以下较大，裙腰以下形成横向皱褶，如图2-68所示。调整时放出腰部侧缝，

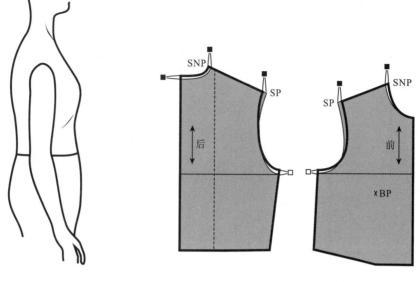

图2-63　人体体型图　　　　　　　　　图2-64　结构图修正

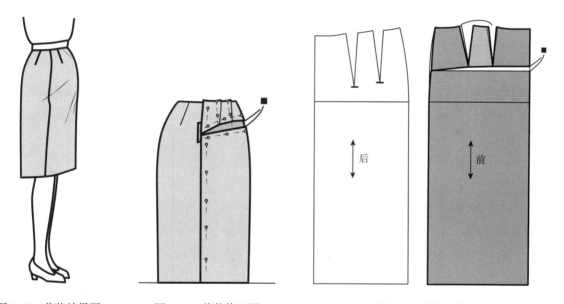

图2-65　着装效果图　　　　图2-66　着装修正图　　　　图2-67　结构图修正

调整省的大小，如图2-69所示。如果还不能完全消除横向皱纹，可以将省道改成如图2-70所示的弧线省道。

　　3. 平腰体

　　平腰体体型与蜂腰体正好相反，腰部以下较平，裙腰以下形成竖向皱纹，如图2-71所示。调整时收进腰部侧缝，将省调小如图2-72、图2-73所示。

　　4. 粗腿体

　　大腿粗过臀围，大腿部位出现皱纹，如图2-74所示。调整时腰不变，侧缝放出，如图2-75、图2-76所示。

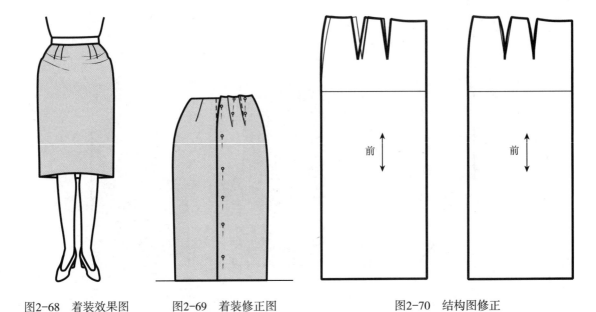

图2-68　着装效果图　　　　图2-69　着装修正图　　　　　图2-70　结构图修正

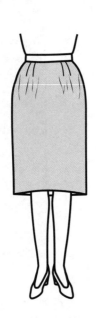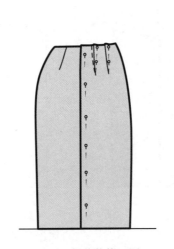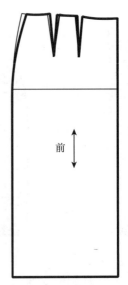

图2-71　着装效果图　　　　图2-72　着装修正图　　　　图2-73　结构图修正

**5. 翘臀体**

　　该体型臀部突出，裙子后片上翘，裙摆不呈水平状态，如图2-77所示。与大腹体调整过程相同，如图2-78、图2-79所示。

**6. 扁臀体**

　　臀部扁平，出现皱纹，如图2-80所示。调整时需将后省道量减少，后腰中线略放低，后臀围减少，前臀围增大，如图2-81、图2-82所示。

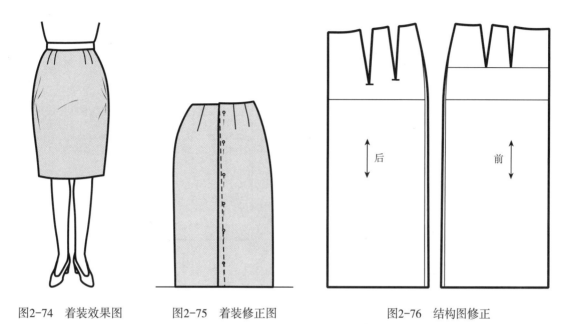

图2-74 着装效果图　　图2-75 着装修正图　　图2-76 结构图修正

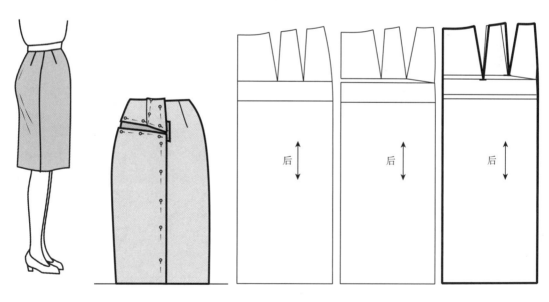

图2-77 着装效果图　图2-78 着装修正图　　图2-79 结构修正图

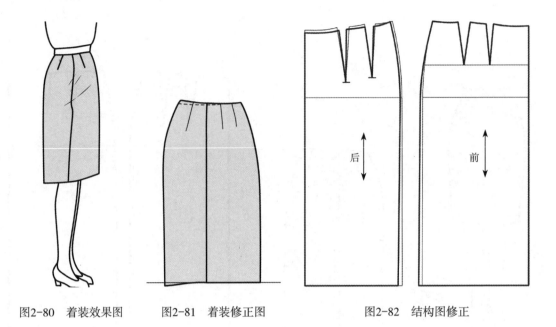

图2-80　着装效果图　　　图2-81　着装修正图　　　图2-82　结构图修正

# 第三章

# 原型变化原理与应用

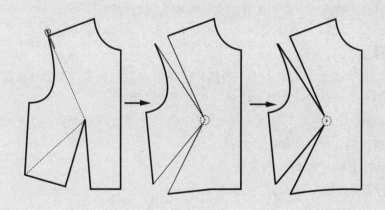

# 第一节　衣身省道转移与应用

## 一、省道的转移方法

所谓省道转移就是指服装上某一部位的省道可以围绕着某一中心点被转移到同一衣片上的任何其他部位，同时转移之后不会影响服装的尺寸、合体性及穿着效果。如图3-1所示，可以将腰省转到其他任意部位。当省尖点缝至胸高点（BP），就会容易形成尖尖的突起点，不但外观上生硬、不美观，而且与人体的实际体型不相吻合，胸高处不是一个点而是一个面，因此，前衣身上所有的省道在缝制时一般不会缝至胸高点，而是与人体的胸高位置保持一定的距离，指向胸高点但不指到胸高点。但是在进行样板的省道转移处理时，则会要求所有的省道线必须或尽可能到达胸高点，然后修正省尖点的位置。

省道转移的方法有三种，即旋转法、量取法以及剪切法，每种方法都有其自身的特点，下面以文化式女装的衣身原型为例进行讲解。

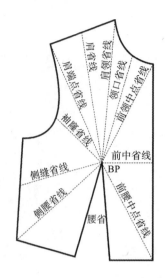

图3-1　省线的位置及名称

### （一）旋转法

旋转法是以省尖点为旋转中心（一般前片就是以衣身的胸高点作为样板的旋转中心），旋转衣身一定的量，将全部或部分省道转移到其他部位的方法。

#### 1. 全部转移

下面以领省为例，款式图如图3-2所示。

（1）在纸样上确定领口省的位置，如图3-3所示标志B点的位置，直线OB即为新省的位置。

（2）如图3-4所示，将原型样板放到另一张纸上，用大头针固定胸高点O点，画实线OA，按逆时针方向一直画到B点。

（3）以O点为旋转中心将纸样逆时针方向旋转，直到直线$OA_1$与直线OA重合，再按逆时针方向从$B_1$点一直画到A点，连接$OB_1$。

（4）如图3-5所示，调整省尖点的位置，向上距离O点2.5cm左右确定$O_1$点，$O_1B_1$和$O_1B$则为新的省道线。

（5）折叠纸样将$O_1B_1$和$O_1B$重合修顺

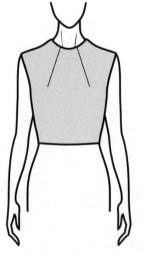

图3-2　着装效果图

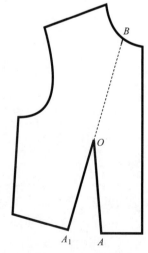

图3-3　领口省的位置

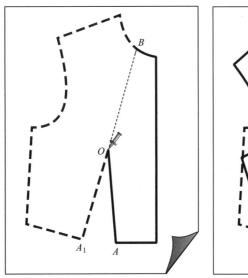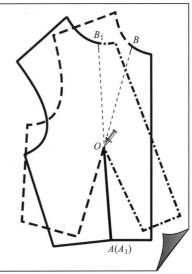

图3-4 省道转移过程

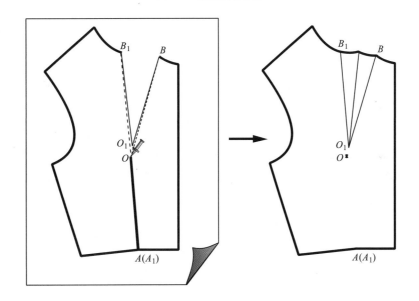

图3-5 调整省道和画顺纸样

领窝弧线，画顺腰线，将纸样按实线剪下。

（6）腰省即转为领省。

**2. 部分转移**

（1）与全部转移相同，在纸样上确定领口省的位置，如图3-6所示标志$B$点的位置，直线$OB$即为新省的位置。

（2）将原型样板放到另一张纸上，用大头针固定胸高点$O$点，画出$OC$线，腰省的一部分$AOC$为保留的省道量，$COA_1$为要转移到领口省的量。

（3）画实线$OA$，按逆时针方向一直画到$B$点。

（4）以$O$点为旋转中心将纸样逆时针方向旋转，直到直线$OA_1$点与直线$OC$重合，再按逆

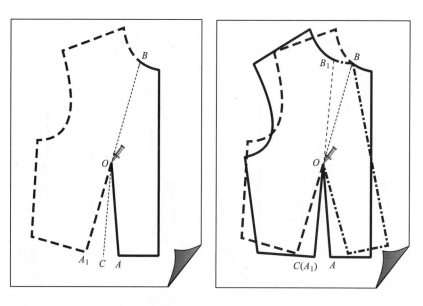

图3-6　省道转移过程

时针方向从$B_1$点一直画到$A_1$点，连接$OA_1$。

（5）如图3-7所示，调整省尖点的位置，向上距离$O$点2.5cm左右确定$O_1$点，$O_1B_1$和$O_1B$则为新的省道线。

（6）折叠纸样将$O_1B_1$和$O_1B$重合，修顺领窝弧线，画顺腰线，将纸样按实线剪下。

（7）部分腰省转为领省。

**（二）量取法**

量取法又叫尺规作图法。通过直尺和圆规来将一处省道转移至另一处。

（1）首先确定新省的位置，如图3-8所示，$OA$为新省的位置，确定每条边上的关键点，一般直线只要确定两个端点，弧线除了两个端点外，可以在中间确定1个或多个点，在本案例

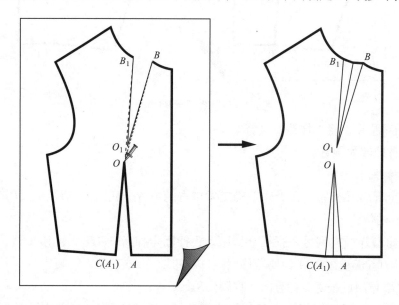

图3-7　调整省道

中袖窿弧线上确定了一点$D$，如果不能画顺可以再确定几个点。

（2）如图3-9所示，测量$\angle HOG=\alpha$，然后如图作$\angle AOA_1$、$\angle BOB_1$、$\angle COC_1$、$\angle DOD_1$、$\angle EOE_1$和$\angle FOF_1$都等于$\alpha$，并且$OA=OA_1$，$OB=OB_1$，$OC=OC_1$，$OD=OD_1$，$OE=OE_1$和$OF=OF_1$。

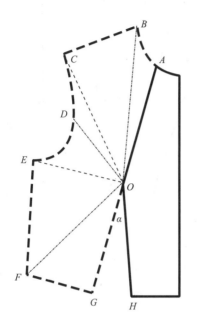

图3-8　确定省道位

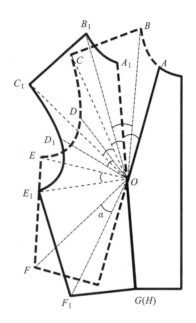

图3-9　省道转移过程

（3）弧线连接$A_1B_1$，$C_1D_1E_1$，直线连接$B_1C_1$，$E_1F_1$，$F_1G$。

（4）与旋转法方法相同，调整省尖点的位置，向上距离$O$点2.5cm左右确定新的省尖点，画出新的省道线。

（5）折叠纸样，将两条新的省道线重合，修顺领窝弧线，画顺腰线，将纸样按实线剪下。

（6）腰省即转为领省。

**（三）剪切法**

所谓剪切法就是剪开新的省道位，合并原来的省道，最终形成新的省道。

下面以袖窿深省为例，款式图如图3-10所示。

（1）如图3-11所示，在纸样上确定新的省道在袖窿上的位置$A$，将$A$点与胸高点$O$，即腰省的省尖点连成直线，并将其剪开，如图3-11（a）所示。

（2）以$O$点位旋转点，转动纸样使直线$OB$与$OB_1$重合，如图3-11（b）所示。

（3）如图3-12所示，将剪开的原型样板放到另一张纸

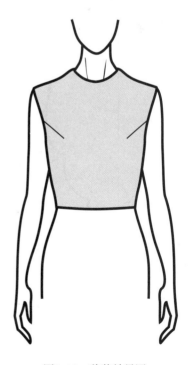

图3-10　着装效果图

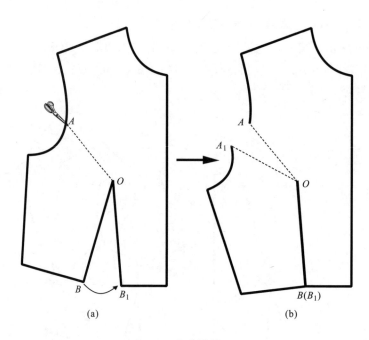

图3-11　省道转移过程

上，如图画出纸样的外轮廓线。

（4）调整省尖点的位置，向上距离$O$点2.5cm左右确定$O_1$点，$O_1A_1$和$O_1A$则为新的省道线。

（5）折叠纸样，将两条新的省道线重合修顺袖窿弧线，画顺腰线，将纸样按实线剪下。

（6）腰省即转为袖窿省。

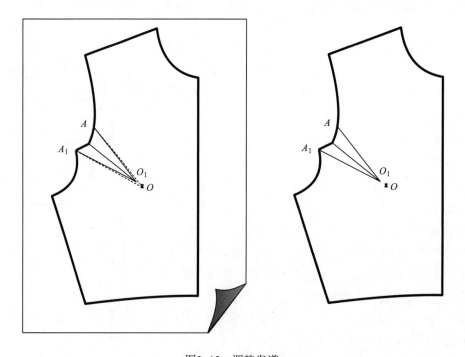

图3-12　调整省道

## 二、新文化原型省道转移的方法

### （一）转移袖窿省和消除b省

#### 1. 转移为肩省

第一种方法先转移袖窿省再消除b省。

（1）剪开肩省位置OA，如图3-13（a）所示。

（2）合并袖窿省，如图3-13（b）所示。

（3）调整省尖点的位置，向上距离O点2.5cm左右确定肩省省尖点，如图3-13（c）所示。

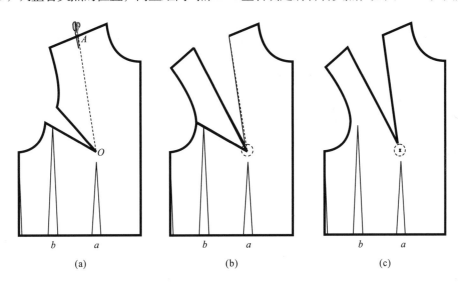

(a)                    (b)                    (c)

图3-13 省道转移过程

（4）过b省的省尖点B作水平线交于袖窿弧线$B_1$点，并将其剪开，如图3-14（a）所示。

（5）将b省合并，如图3-14（b）所示。

（6）画顺袖窿弧线和腰线，如图3-14（c）所示。

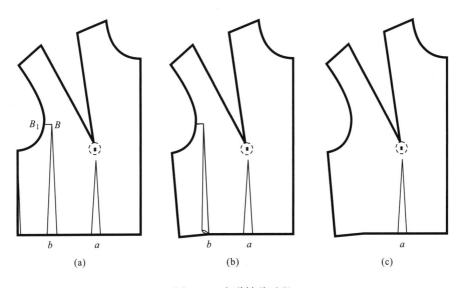

(a)                    (b)                    (c)

图3-14 省道转移过程

第二种方法先消除b省再转移袖窿省。

（1）按上面的做法先将b省合并，确定肩省的位置OA并剪开，如图3-15（a）所示。

（2）合并袖窿省，如图3-15（b）所示。

（3）调整肩省省尖点的位置，画顺袖窿弧线和腰线，如图3-15（c）所示。

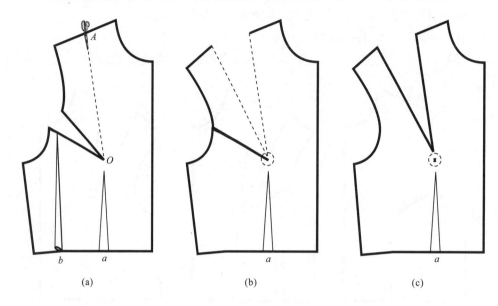

图3-15　省道转移过程

**2. 转移为肩领省**

（1）先将b省合并，确定肩领省的位置并剪开，如图3-16（a）所示。

（2）合并袖窿省，如图3-16（b）所示。

（3）调整肩领省省尖点的位置，画顺袖窿弧线和腰线，如图3-16（c）所示。

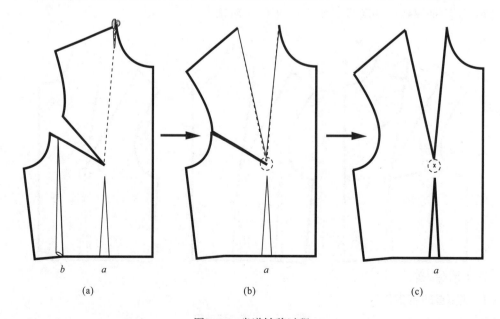

图3-16　省道转移过程

**（二）合并袖窿省和b省**

（1）先将b省合并，如图3-17（a）所示。

（2）从胸高点O点向下作垂线，并将其剪开，如图3-17（b）所示。

（3）合并袖窿省，如图3-17（c）所示。

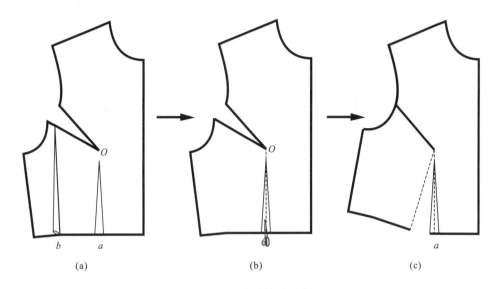

图3-17 省道转移过程

（4）再将a省在虚线左部分转移至切开线的左边，如箭头所示，如图3-18（a）所示。

（5）调整腰省省尖点的位置，画顺袖窿弧线和腰线，如图3-18（b）所示。

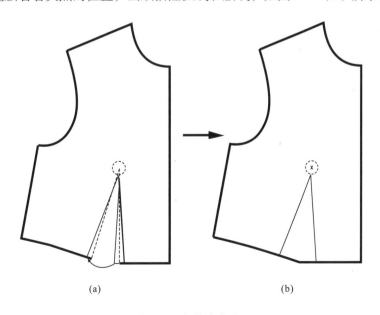

图3-18 省道转移过程

**（三）消除d省**

（1）过d省的省尖点D作水平线交于袖窿弧线$D_1$点，并将其剪开，如图3-19（a）所示。

（2）将d省合并，如图3-19（b）所示。

（3）画顺袖窿弧线和腰线即可，如图3-19（c）所示。

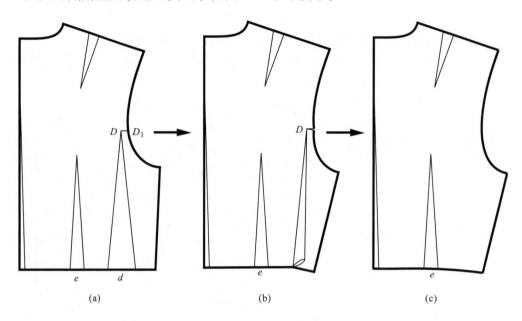

| (a) | (b) | (c) |

图3-19　省道转移过程

## 三、前片省道实例

### （一）转移成单个省道

#### 1. 腰省转成侧缝省

着装效果图如图3-20所示。

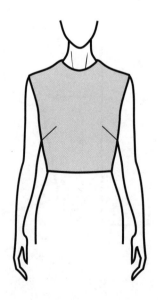

图3-20　着装效果图

省道转移方法如图3-21所示。

（1）确定侧缝省的位置，并将其剪开。

（2）合并腰省。

（3）调整侧缝省省尖点的位置，画顺腰线。

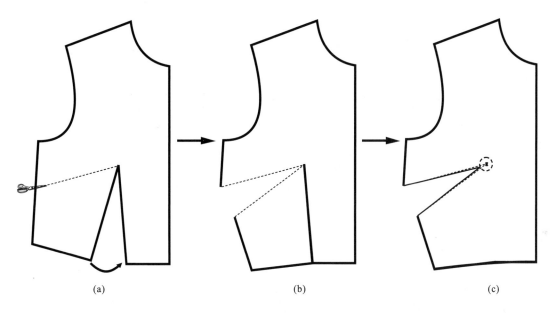

|     |     |     |
| :-: | :-: | :-: |
| (a) | (b) | (c) |

图3-21　省道转移过程

## 2. 腰省转成前领中点省

着装效果图如图3-22所示。

图3-22　着装效果图

省道转移方法如图3-23所示。

（1）确定前领中点省的位置，并将其剪开。

（2）合并腰省。

（3）调整前领中点省省尖点的位置，画顺腰线。

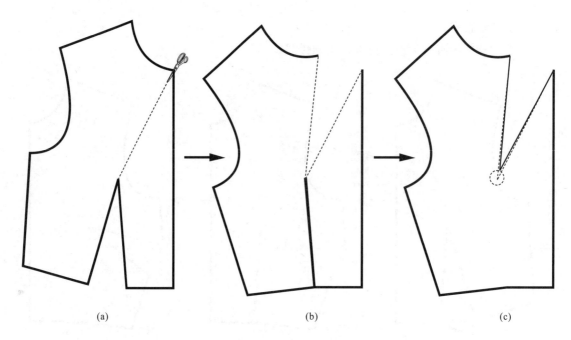

(a)  (b)  (c)

图3-23　省道转移过程

### 3. 腰省转成前腰中点省

着装效果图如图3-24所示。

图3-24　着装效果图

省道转移方法如图3-25所示。

（1）确定前腰中点省的位置，并将其剪开。

（2）合并腰省。

（3）调整前腰中点省省尖点的位置，画顺腰线。

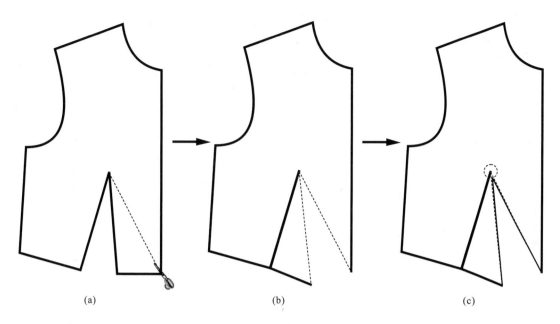

(a)                    (b)                    (c)

图3-25 省道转移过程

### 4. 腰省转成侧腰省

着装效果图如图3-26所示。

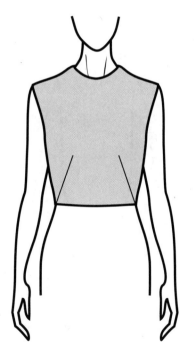

图3-26 着装效果图

省道转移方法如图3-27所示。

（1）确定侧腰省的位置，并将其剪开。

（2）合并腰省。

（3）调整侧腰省省尖点的位置，画顺腰线。

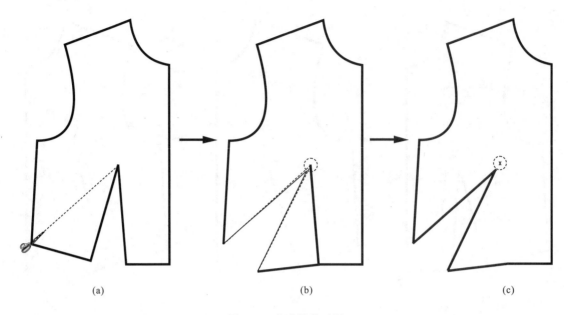

(a)　　　　　　　　　　　(b)　　　　　　　　　　　(c)

图3-27　省道转移过程

5. **腰省转成前中省**

着装效果图如图3-28所示。

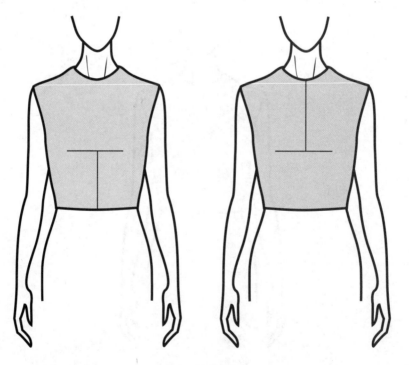

图3-28　着装效果图

省道转移方法如图3-29所示。

（1）确定前中省的位置，并将其剪开。

（2）合并腰省。

（3）调整前中省省尖点的位置，画顺腰线。

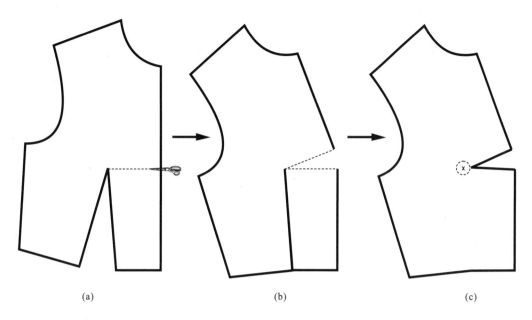

图3-29 省道转移过程

## （二）转移成两个省道

### 1. 腰省部分转成侧缝省

着装效果图如图3-30所示。

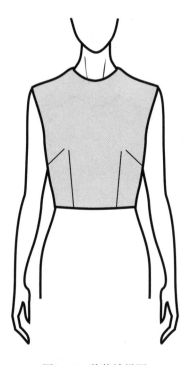

图3-30 着装效果图

省道转移方法如图3-31所示。

（1）确定侧缝省的位置，并将其剪开。

（2）合并部分腰省，如果纸样用于制作上衣样板的话，通过调节腰省的转移量，尽量做到腰线在同一水平线上。

（3）调整侧缝省和腰省省尖点的位置，画顺侧缝线和腰线。

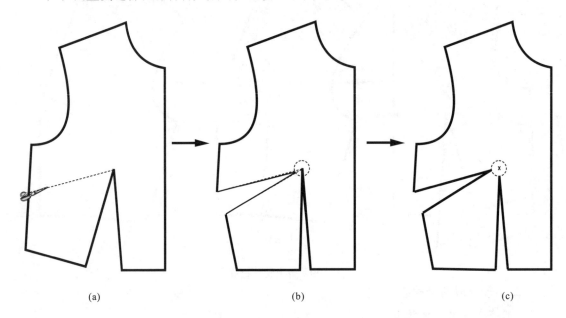

(a)                  (b)                  (c)

图3-31　省道转移过程

**2. 腰省部分转成袖窿省**

着装效果图如图3-32所示。

图3-32　着装效果图

省道转移方法如图3-33所示。

（1）确定袖窿省的位置，并将其剪开。

（2）合并部分腰省。

（3）调整袖窿省后和腰省省尖点的位置，画顺腰线和袖窿线。

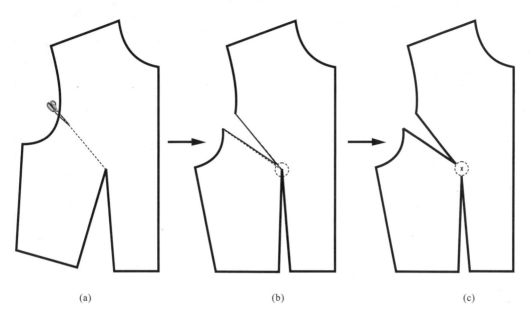

| (a) | (b) | (c) |

图3-33 省道转移过程

### 3. 腰省部分转成领口省

着装效果图如图3-34所示。

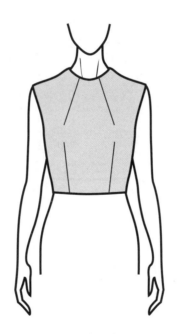

图3-34 着装效果图

省道转移方法如图3-35所示。

（1）确定领口省的位置，并将其剪开。

（2）合并部分腰省。

（3）调整领口省和腰省省尖点的位置，画顺领口弧线和腰线。

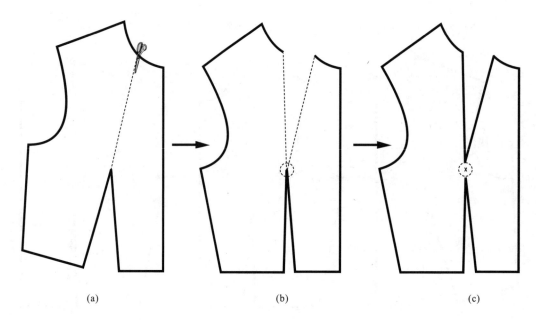

图3-35　省道转移过程

### 4. 腰省部分转成肩端点省

着装效果图如图3-36所示。

图3-36　着装效果图

省道转移方法如图3-37所示。

（1）确定肩端点省的位置，并将其剪开。

（2）合并部分腰省。

（3）调整肩端点省和腰省省尖点的位置，画顺腰线。

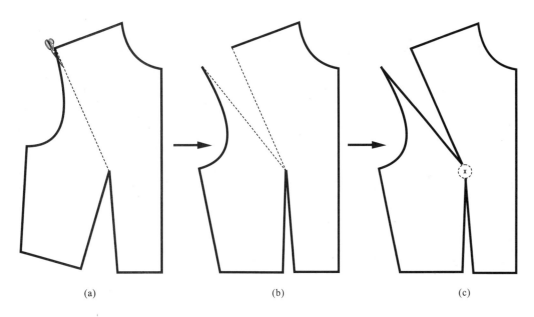

图3-37　省道转移过程

## 5. 腰省部分转成肩省

着装效果图如图3-38所示。

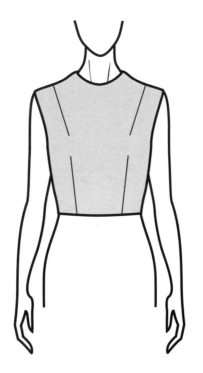

图3-38　着装效果图

省道转移方法如图3-39所示。

（1）确定肩省的位置，并将其剪开。

（2）合并部分腰省。

（3）调整肩省和腰省省尖点的位置，画顺肩线和腰线。

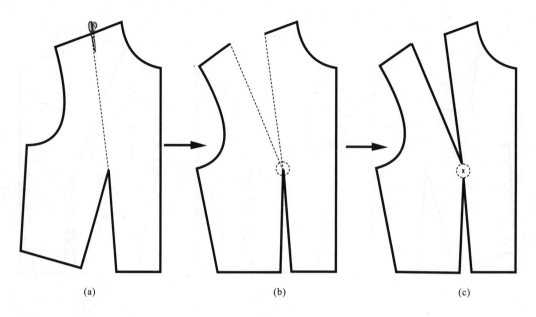

(a)　　　　　　　　　　　　(b)　　　　　　　　　　　　(c)

图3-39　省道转移过程

### 6. 腰省转成肩端点省和侧腰省

着装效果图如图3-40所示。

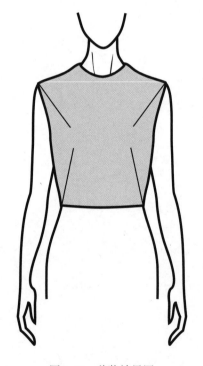

图3-40　着装效果图

省道转移方法如图3-41所示。

（1）确定肩端点省和侧腰省的位置，并将其剪开。

（2）合并腰省，一部分转成肩端点省，另一部分转成侧腰省。

（3）调整肩端点省和侧腰省省尖点的位置，画顺肩线、袖窿弧线、侧缝线和腰线。

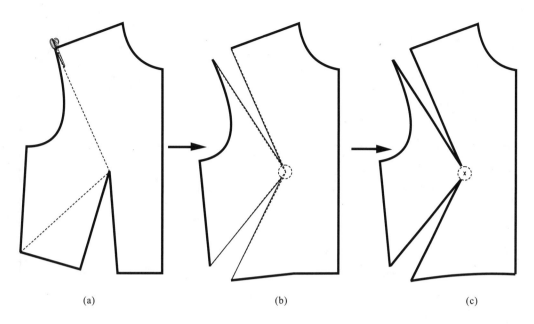

图3-41 省道转移过程

**7. 腰省转成肩端点省和前腰中点省**

着装效果图如图3-42所示。

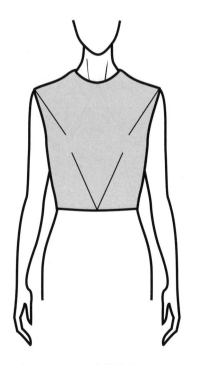

图3-42 着装效果图

省道转移方法如图3-43所示。

（1）确定肩端点省和前腰中点省的位置，并将其剪开。

（2）合并腰省，一部分转成肩端点省，另一部分转成前腰中点省。

（3）调整肩端点省和侧腰省省尖点的位置，画顺肩线、袖窿弧线、侧缝线和腰线。

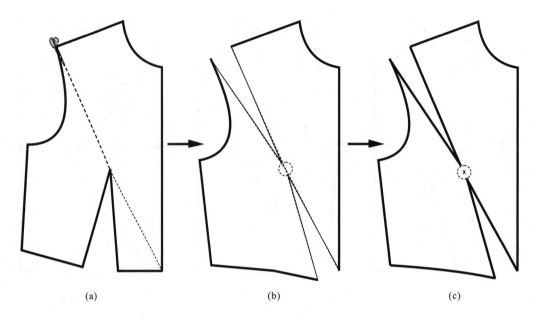

(a)                     (b)                     (c)

图3-43 省道转移过程

### 8. 腰省转成前领中点省和侧腰省

着装效果图如图3-44所示。

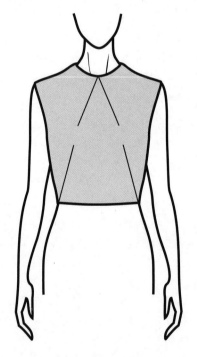

图3-44 着装效果图

省道转移方法如图3-45所示。

（1）确定前领中点省和侧腰省的位置，并将其剪开。

（2）合并腰省，一部分转成前领中点省，另一部分转成侧腰省。

（3）调整前领中点省和侧腰省省尖点的位置，画领窝弧线、袖窿弧线、侧缝线和腰线。

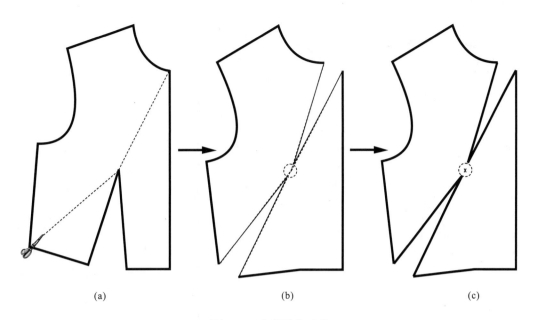

(a)    (b)    (c)

图3-45 省道转移过程

9. 腰省转成前领中点省和前腰中点省

着装效果图如图3-46所示。

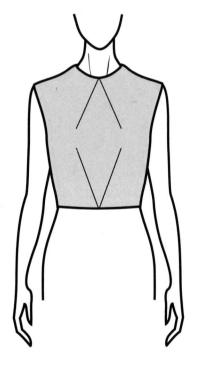

图3-46 着装效果图

省道转移方法如图3-47所示。

（1）确定前领中点省和前腰中点省的位置，并将其剪开。

（2）合并腰省，一部分转成前领中点省，另一部分转成前腰中点省。

（3）调整前领中点省和前腰中点省省尖点的位置，画顺肩线、领窝弧线、前中线和腰线。

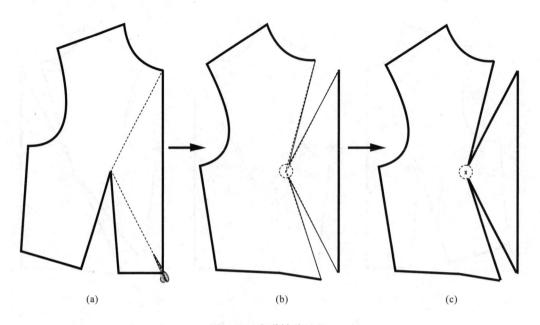

(a)　　　　　　　　　　　(b)　　　　　　　　　　　(c)

图3-47　省道转移过程

10．**腰省和袖窿省转成两个腋下弧线省**

着装效果图如图3-48所示。

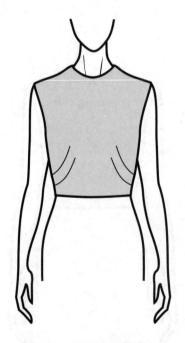

图3-48　着装效果图

省道转移方法如图3-49所示。

（1）利用腰省和袖窿省纸样，根据设计的需要，可以适当调整两个省省尖点的位置，确定腋下两个弧线省的位置，并将其剪开。

（2）合并腰省和袖窿省的省量，分别转至两个弧线省。

（3）画顺袖窿弧线、侧缝线和腰线。

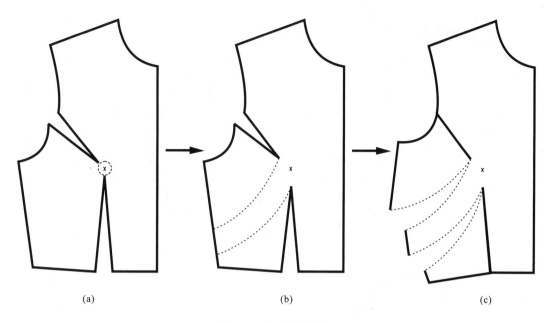

|  (a)  |  (b)  |  (c)  |

图3-49　省道转移过程

**11. 腰省和袖窿省转成肩省和肩领弧线省**

着装效果图如图3-50所示。

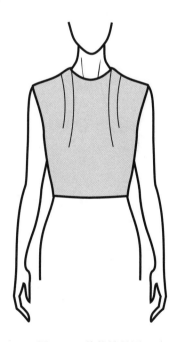

图3-50　着装效果图

省道转移方法如图3-51所示。

（1）利用腰省和袖窿省纸样，根据设计的需要，可以适当调整两个省省尖点的位置，确定肩省和肩领弧线省的位置，并将其剪开。

（2）合并腰省和袖窿省的省量，分别转至两个弧线省。

（3）画顺肩线、袖窿弧线和腰线。

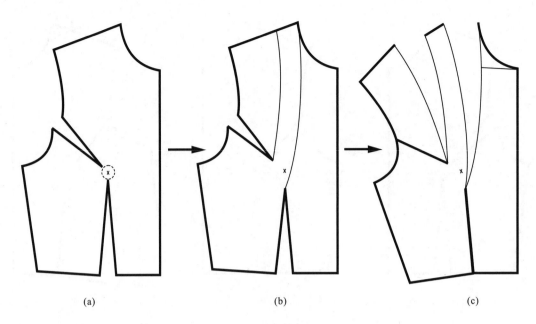

(a)　　　　　　　　　　(b)　　　　　　　　　　(c)

图3-51　省道转移过程

## 12. 腰省转成两个领口省

着装效果图如图3-52所示。

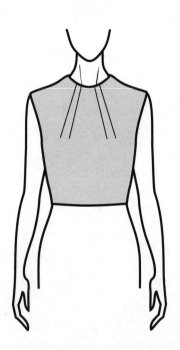

图3-52　着装效果图

这是将一个腰省变成两个领口省的转移方法，转移过程如图3-53所示。

（1）以胸高点为圆心，以2.5cm为半径画圆，过圆心作水平的直径。

（2）将省尖点分别移至直径的两个端点，将腰省分成了两个省，过两个省省尖点分别作新的领口省的省线，并剪开这两条省线。

（3）分别合并两个腰省，将两个腰省转为两个领口省。

（4）如果需要的话，可以调整两个领口省省尖点的位置，画顺领窝弧线和腰线。

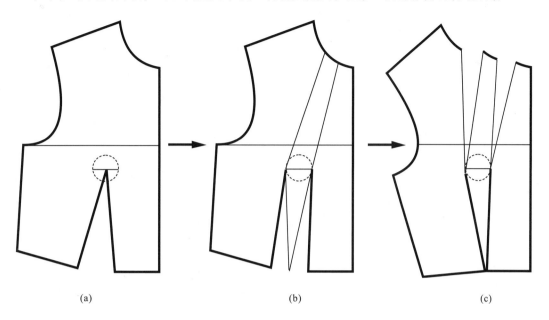

|       |       |       |
|-------|-------|-------|
| (a)   | (b)   | (c)   |

图3-53　省道转移过程

13. **腰省转成两弧线肩省**

着装效果图如图3-54所示。

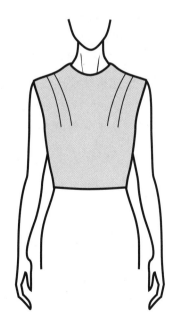

图3-54　着装效果图

这也是将一个腰省变成两个弧线肩省的转移方法，转移过程如图3-55所示。

（1）以胸高点为圆心，以2.5cm为半径画圆，过圆心作水平的直径。

（2）将省尖点分别移至直径的两个端点，将腰省分成了两个省，过两个省省尖点分别作新的弧线肩省的省线，并剪开这两条省线。

（3）分别合并两个腰省，将两个腰省转为两个肩省。

（4）如果需要的话，可以调整两个弧线肩省省尖点的位置，画顺肩线和腰线。

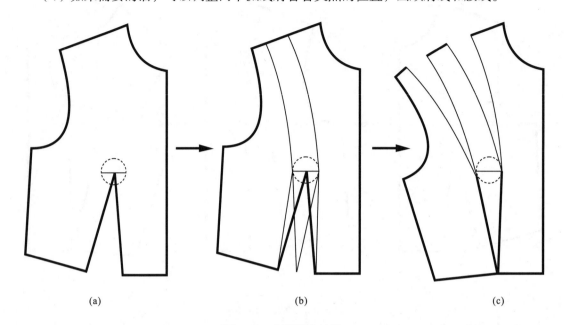

(a)　　　　　　　　　　　(b)　　　　　　　　　　　(c)

图3-55　省道转移过程

### （三）连省成缝

在服装结构设计中，在不影响款式造型的基础上，常将相关联的省道用衣缝来代替，这种方法被称为连省成缝。连省成缝的形式主要有衣缝和分割线两种，尤其以分割线形式占多数。衣缝的形式主要有侧缝、背缝；分割线形式主要有公主线、刀背缝等。连省成缝的基本原则：

（1）在省道在连接时，应尽量考虑连接线要通过或接近该部位曲率最大的工艺点，以充分发挥省道的合体作用。

（2）在纵向和横向的省道连接时，从工艺角度考虑应以最短距离连接，使其具有良好的可加工性、贴体性和美观的艺术造型；从艺术角度考虑造型时，省道相连的距离要服从于造型的整体协调和统一。

（3）在按原来方位进行连省成缝不理想时，应先对省道进行转移再连接，注意转移后的省道应指向原先的工艺点。

（4）在连省成缝时，应对连接线进行细部修正，使分割线光滑美观，不必拘泥于省道的原来形状。

（5）连省成缝适用于具有一定强度和厚度的面料，对过于细密柔软的面料容易产生缝皱现象。

#### 1. 腰省与领口省连省成缝

着装效果图如图3-56所示。

连省成缝制作方法如图3-57所示。

（1）取领口省和腰省的纸样，如果纸样用于制作上衣样板的话，可以选取腰线在同一水平线上的纸样。

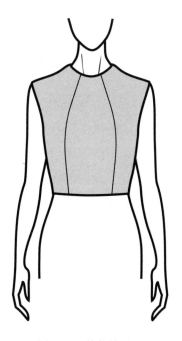

图3-56 着装效果图

（2）沿着领口省和腰省的省线分别画顺两条分割线。

（3）将纸样分离，检查分割线是否圆顺，两条线长度是否相等。

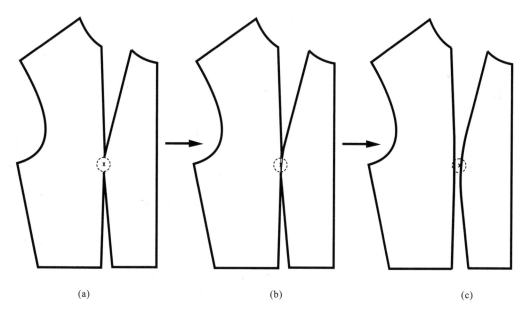

(a)　　　　　　　　　　　(b)　　　　　　　　　　　(c)

图3-57 省道转移过程

## 2. 腰省与肩省连省成缝

着装效果图如图3-58所示。

连省成缝制作方法如图3-59所示。

（1）取肩省和腰省的纸样，如果纸样用于制作上衣样板的话，可以选取腰线在同一水平线上的纸样。

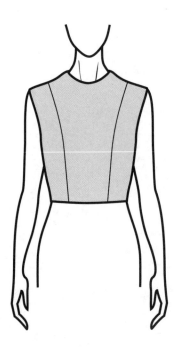

图3-58 着装效果图

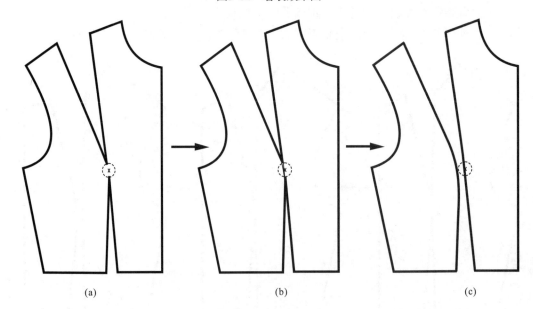

(a)                    (b)                    (c)

图3-59 省道转移过程

（2）沿着肩省和腰省的省线分别画顺两条分割线。

（3）将纸样分离，检查分割线是否圆顺，两条线长度是否相等。

3. **腰省与肩端点省连省成缝**

着装效果图款式如图3-60所示。

连省成缝制作方法如图3-61所示。

（1）取肩端点省和腰省的纸样，如果纸样用于制作上衣样板的话，可以选取腰线在同一水平线上的纸样。

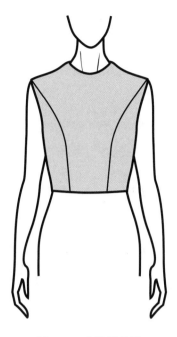

图3-60 着装效果图

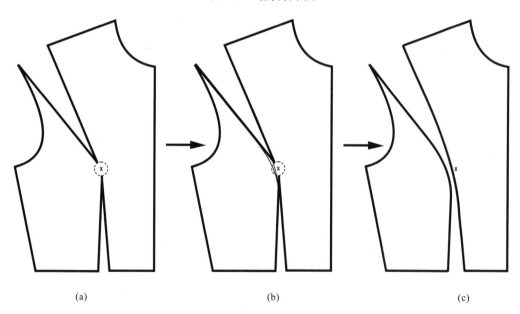

(a)                          (b)                          (c)

图3-61 省道转移过程

（2）沿着肩端点省和腰省的省线分别画顺两条分割线。

（3）将纸样分离，检查分割线是否圆顺，两条线长度是否相等。

**4. 腰省和袖窿省连省成缝**

着装效果图如图3-62所示。

连省成缝制作方法如图3-63所示。

（1）取袖窿省和腰省的纸样，如果纸样用于制作上衣样板的话，可以选取腰线在同一
水平线上的纸样。

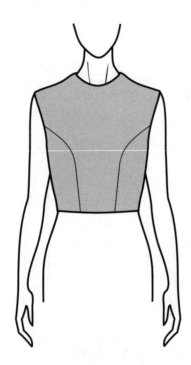

图3-62　着装效果图

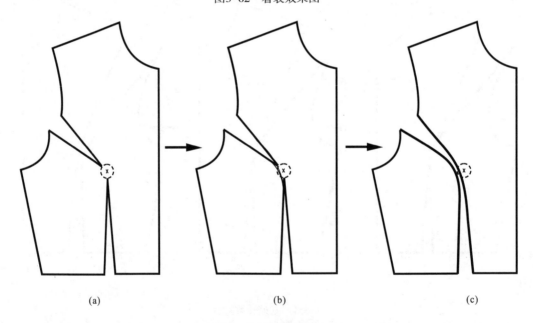

(a)　　　　　　　　　　　　(b)　　　　　　　　　　　　(c)

图3-63　省道转移过程

（2）沿着袖窿省和腰省的省线分别画顺两条分割线。

（3）将纸样分离，检查分割线是否圆顺，两条线长度是否相等。

**（四）抽褶及褶裥**

**1. 领口抽褶**

着装效果图如图3-64所示。

抽褶样板的制作方法如图3-65所示。

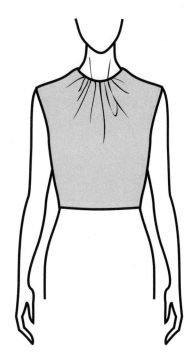

图3-64　着装效果图

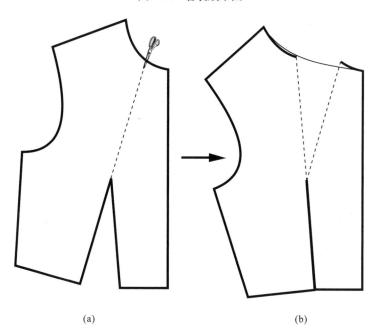

(a)　　　　　　　　　　　　　　(b)

图3-65　省道转移过程

（1）将腰身转为领口省。

（2）画顺领口弧线即可。

## 2. 领口打褶裥

领口两个褶裥着装效果图如图3-66所示。

领口打一个褶裥样板制作方法如图3-67所示。

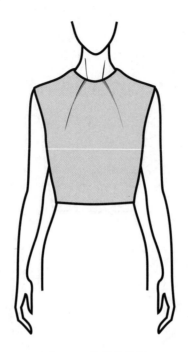

图3-66　着装效果图

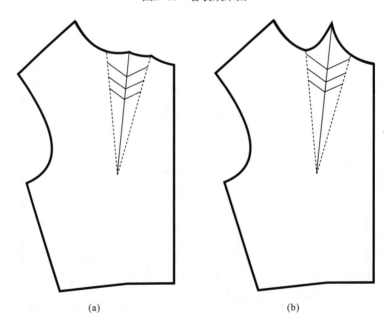

(a)　　　　　　　　　　　　　　(b)

图3-67　省道转移过程

（1）将腰省转为领口省。

（2）领口省道折叠，将两条省线对齐，注意褶裥的倒向，倒向不同，领口弧线的形式不同，图3-67（a）为褶裥倒向前中线，图3-67（b）为褶裥倒向肩缝，然后画顺领口弧线即可。

领口多个褶裥着装效果图如图3-68所示。

领口打多个褶裥样板制作方法如图3-69所示。

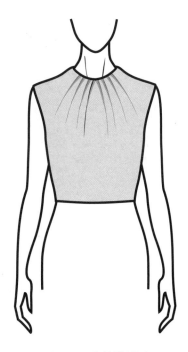

图3-68　着装效果图

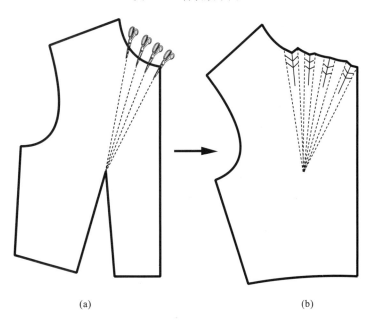

(a)                                        (b)

图3-69　省道转移过程

（3）将腰省转为多个领口省。

（4）折叠每个省道，使其两条省线对齐，注意褶裥的倒向，倒向不同，领口弧线的形式不同，然后画顺领口弧线即可。

**（五）其他变换**

**1. 不对称变换**

不对称变换款式（一）如图3-70所示。

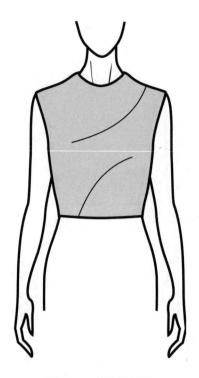

图3-70 着装效果图

样板制作方法如图3-71~图3-73所示。

（1）取侧缝省的样板，按款式图画出分割线的位置（图3-71）。

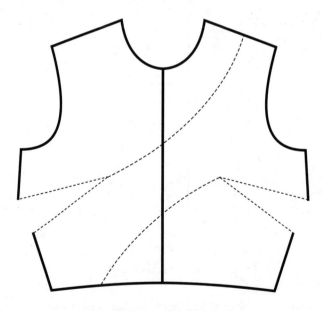

图3-71 确定位置

（2）剪开分割线，合并侧缝省（图3-72）。

（3）将纸样转移到另一张纸上，调整转移后省尖点的位置，将新的纸样剪下（图3-73）。

不对称变换款式（二）如图3-74所示。

样板制作方法如图3-75~图3-77所示。

图3-72 省道转移过程

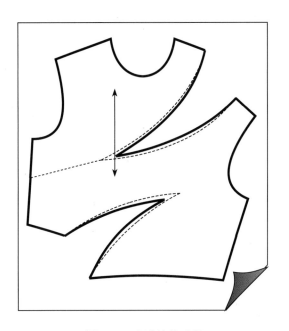

图3-73 省道转移过程

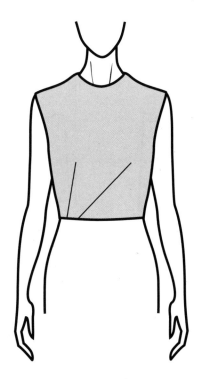

图3-74 着装效果图

（1）取侧缝省的样板，按款式图画出分割线的位置（图3-75）。

（2）剪开分割线，合并侧缝省（图3-76）。

（3）将纸样转移到另一张纸上，调整转移后省尖点的位置，将新的纸样剪下（图3-77）。

**2. 加分割线变换**

加分割线变换（一）款式如图3-78所示。

图3-75　确定位置

图3-76　省道转移过程

图3-77　省道转移过程

样板制作方法如图3-79所示。

（1）取腰省纸样，按款式图画出肩部分割线的位置，并确定转省的位置。

（2）剪开分割线并将其移走，再剪开转省位置，合并腰省。

（3）将纸样转移到另一张纸上，画顺肩部弧线和腰线，将新的纸样剪下。

加分割线变换（二）款式如图3-80所示。

样板制作方法如图3-81所示。

（1）取腰省纸样，按款式图画出领部分割线的位置，并确定转省的位置，一个或多个。

（2）剪开分割线并将其移走，再剪开转省位置，合并腰省。

（3）将纸样转移到另一张纸上，画顺领部弧线和腰线，将新的纸样剪下。

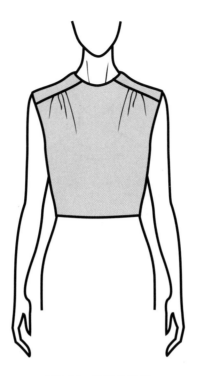

图3-78 着装效果图

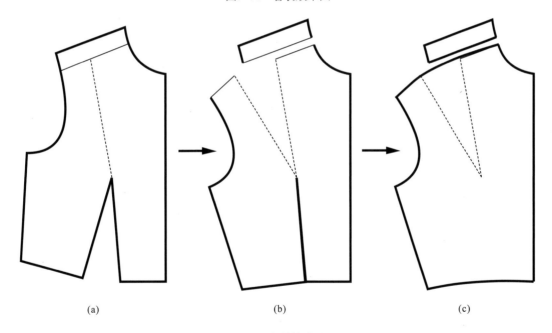

| (a) | (b) | (c) |

图3-79 省道转移过程

加分割线变换（三）款式如图3-82所示。

样板制作方法如图3-83所示。

（1）如图3-83所示，取腰省纸样，按款式图画出领部分割线的位置，并确定转省的位置和需要展开的位置。

（2）剪开分割线并将其移走，再剪开转省位置以及其他需要展开的位置，合并腰省，展开相关部位，展开量的大小根据设定的褶量进行展开。

（3）将纸样转移到另一张纸上，画顺领部弧线和腰线，将新的纸样剪下。

图3-80　着装效果图

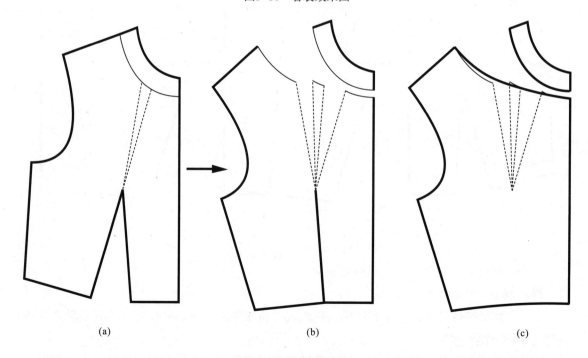

| (a) | (b) | (c) |

图3-81　省道转移过程

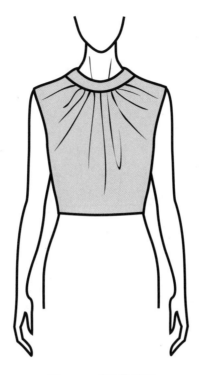

图3-82 着装效果图

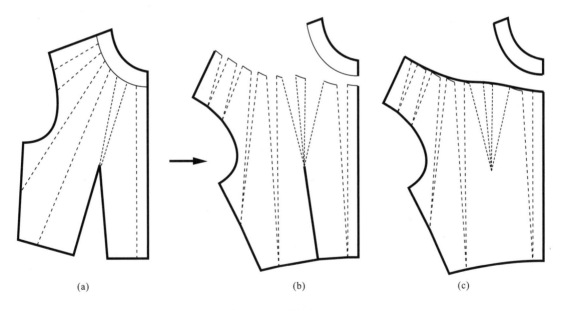

(a)　　　　　　　　　　　(b)　　　　　　　　　　　(c)

图3-83 省道转移过程

## 四、后片省道变换

### （一）省道转移

#### 1. 省道转移（一）

着装效果图如图3-84所示。

图3-84　着装效果图

省道转移方法如图3-85所示。

（1）取后片纸样。

（2）确定领口省的位置，并将其剪开。

（3）合并肩省，画顺肩线，如果领省省尖点需要调整可以进行调整。

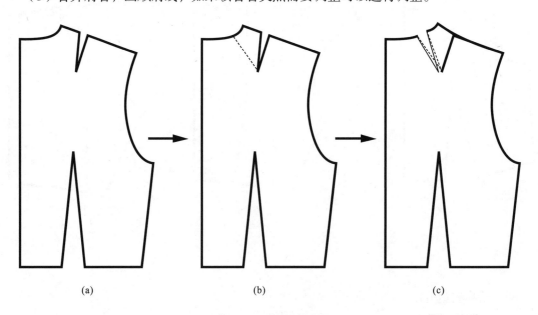

　　　　　　（a）　　　　　　　　　　　　　　（b）　　　　　　　　　　　　　　（c）

图3-85　省道转移过程

## 2. 省道转移（二）

着装效果图如图3-86所示。

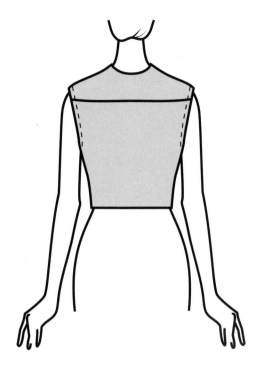

图3-86　着装效果图

省道转移方法如图3-87所示。

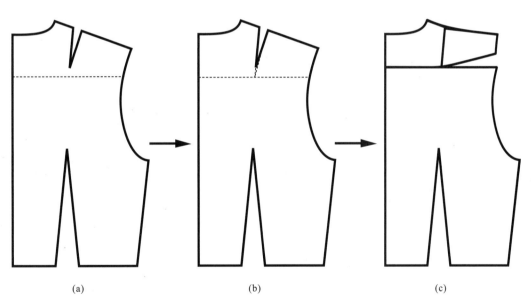

(a) 　　　　　　　　　　　(b) 　　　　　　　　　　　(c)

图3-87　省道转移过程

（1）取后片纸样，确定横向分割线的位置。

（2）如果省尖点不在分割线上，将省尖点移至分割线上，并剪开分割线。

（3）合并肩省，画顺分割线。

**3．省道转移（三）**

着装效果图如图3-88所示。

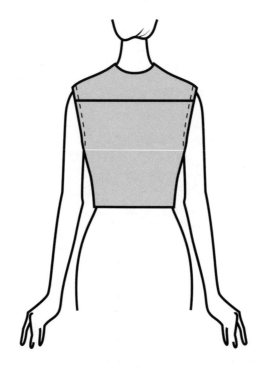

图3-88　着装效果图

省道转移方法如图3-89所示。

（1）取后片纸样，如果省尖点不在分割线上，则将省尖点移至分割线上。如果需要衣片上的分割线呈水平，按图3-89（a）所示，剪开线（虚线）与水平线的夹角与省道的夹角相等。

（2）将其沿虚线剪开，合并肩省。

（3）画顺肩线和分割线。

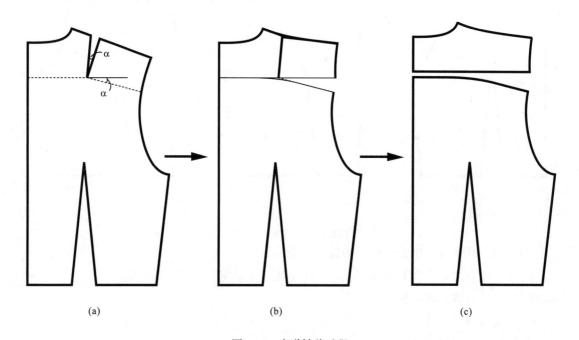

(a)　　　　　　　　　　　(b)　　　　　　　　　　　(c)

图3-89　省道转移过程

## （二）连省成缝

### 1. 连省成缝（一）

着装效果图如图3-90所示。

图3-90　着装效果图

连省成缝制作方法如图3-91所示。

（1）取领口省和腰省的纸样，或者将肩省转为领口省。

（2）沿着领口省和腰省的省线分别画顺两条分割线。

（3）将纸样分离，检查分割线是否圆顺，两条线长度是否相等。

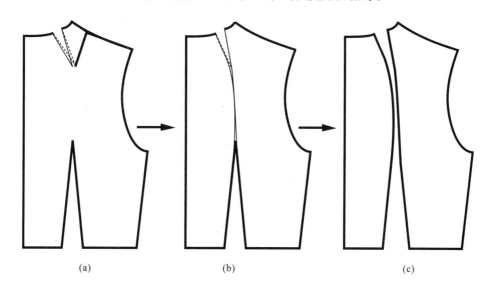

(a)　　　　　　　　　(b)　　　　　　　　　(c)

图3-91　省道转移过程

## 2. 连省成缝（二）

着装效果图如图3-92所示。

图3-92　着装效果图

连省成缝制作方法如图3-93所示。

（1）取肩省和腰省的纸样。

（2）沿着肩省和腰省的省线分别画顺两条分割线。

（3）将纸样分离，检查分割线是否圆顺，两条线长度是否相等。

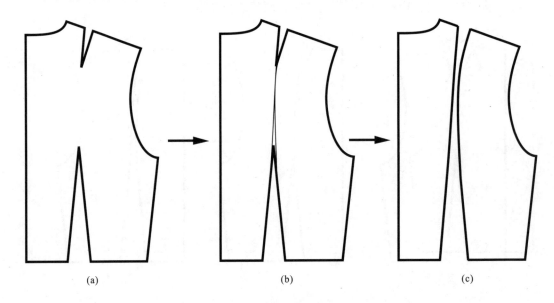

(a)　　　　　　　　　　(b)　　　　　　　　　　(c)

图3-93　省道转移过程

**（三）抽褶**

**1. 抽褶款式（一）**

着装效果图如图3-94所示。

图3-94 着装效果图

抽褶样板制作方法如图3-95所示。

（1）取后片纸样，去掉后腰省，从肩省省尖向下作垂线，并将其剪开。

（2）合并肩省。

（3）修顺肩线和腰围线。

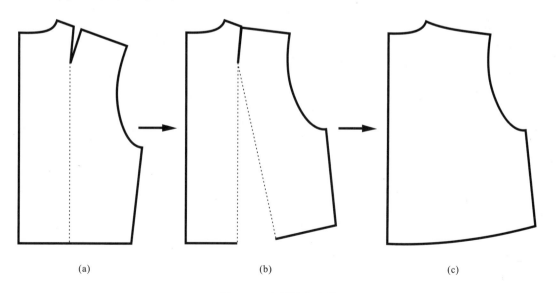

(a) (b) (c)

图3-95 省道转移过程

### 2. 抽褶款式（二）

着装效果图如图3-96所示。

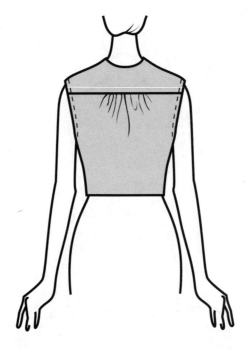

图3-96　着装效果图

抽褶样板制作方法如图3-97所示。

（1）如图3-97（a）所示的虚线所示，将纸样剪开。

（2）合并肩省，画顺肩线，过腰省的省尖点向上作垂线，并将其剪开，如图3-97（b）所示。

（3）合并腰省，修顺腰线和肩部分割线，如图3-97（c）所示。

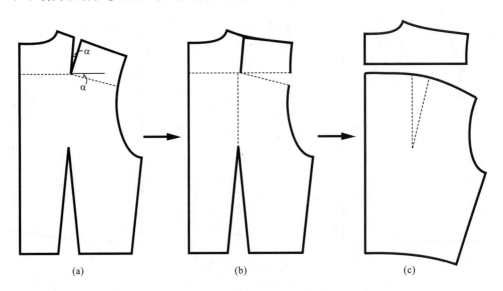

(a)　　　　　　　　(b)　　　　　　　　(c)

图3-97　省道转移过程

# 第二节　裙装结构变化原理与应用

## 一、转移变换

### （一）变换方法一

确定新省在腰线的位置$A$，将$A$点分别与省尖点$O_1$点和$O_2$点相连，得到新的省道位，分别将$AO_1$和$AO_2$剪开，合并原省道，形成新的省道。用同样的方法处理另一边的省道，如图3-98所示。

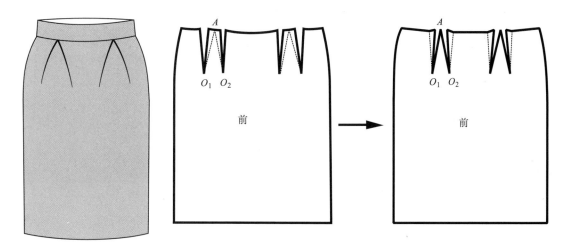

图3-98　变换方法一

### （二）变换方法二

将原省道合并并用胶带固定，然后确定新省在腰线的位置$A_1$点和$A_2$点，连接$A_1O_1$和$A_2O_2$，剪开$A_1O_1$和$A_2O_2$，得到新的省道。用同样的方法处理另一边省道，如图3-99所示。

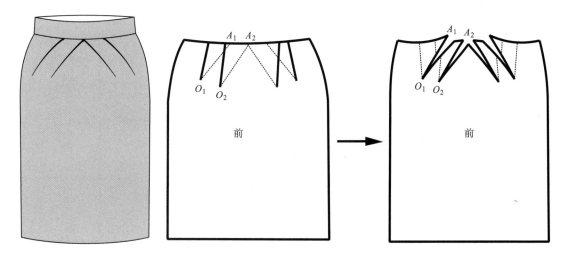

图3-99　变换方法二

### （三）变换方法三

确定新省道的位置起点$A_1$和$A_2$点，然后确定新的省道线$A_1O_1$和$A_2O_2$，将原省道的省尖点分别向上或向下移动，移至新的省道线上，将原省道合并，并用胶带固定，然后剪开新的省道线，形成新的省道，如图3-100所示。

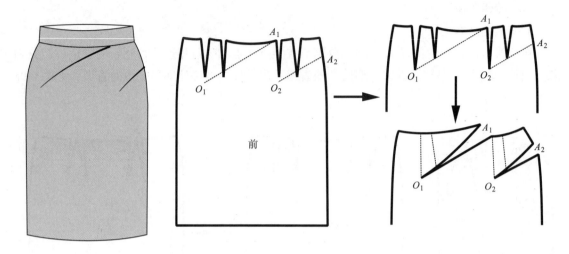

图3-100  变换方法三

## 二、合并变换

### （一）省道全部合并法

过省尖点分别向下作垂线，如图3-101所示，并将其剪开，将省道全部合并，画顺底边线，也就是将腰省全部合并，增大了下摆量。

### （二）省道部分合并法

过省尖点分别向下作垂线，并将纸样剪开，将部分省道进行合并，增大下摆量，画顺底边线，如图3-102所示。

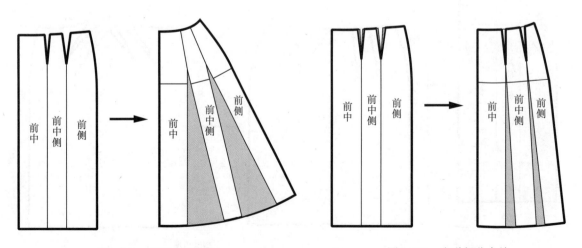

图3-101  省道全部合并          图3-102  省道部分合并

### 三、纸样切展法

#### （一）平行切展

平行切展如图3-103所示，将纸样按切开线剪开，然后将纸样平行展开，画顺腰口线和底边线。

#### （二）梯形切展

将纸样按切开线剪开，然后将纸样如图3-104所示梯形展开，画顺腰口线和底边线。

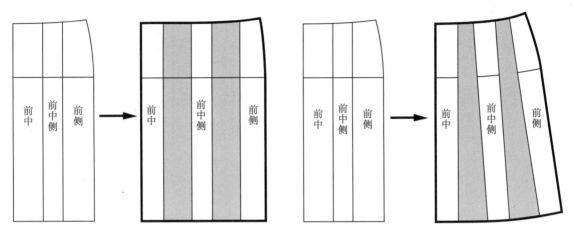

图3-103　平行切展　　　　　　　　　　　　图3-104　梯形切展

#### （三）三角形切展

如图3-105所示，将纸样按切开线剪开，切开线与底边交点或者与腰口的交点不动，然后将纸样三角形展开。如图3-105（a）所示是增加裙下摆，通常做喇叭裙；如图3-105（b）所示是增大腰线的长度，一般用于做楔形裙。

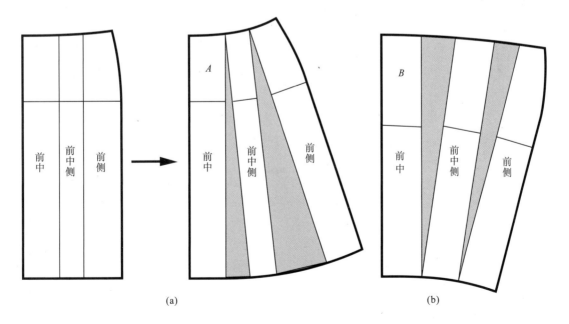

(a)　　　　　　　　　　　　　　　　　　(b)

图3-105　三角形切展

### （四）其他

根据设计要求，确定分割线，如图3-106所示，将省尖点移至分割线上，剪开分割线，合并省道，修顺合并后的弧线，加放缝头即可。

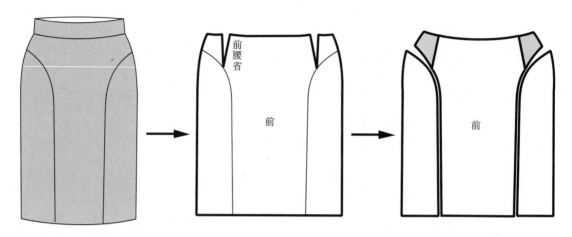

图3-106 刀背缝分割线

## 四、腰部长度变化法

### （一）连腰高腰

在原腰线的基础上，增加腰部的宽度，宽度可根据设计来确定，省道向上延伸。由于人体在腰部最细，省道向上延伸后，省道需要向内收进，以增加新的腰口量以便满足合体度和人体的舒适度，如图3-107所示。

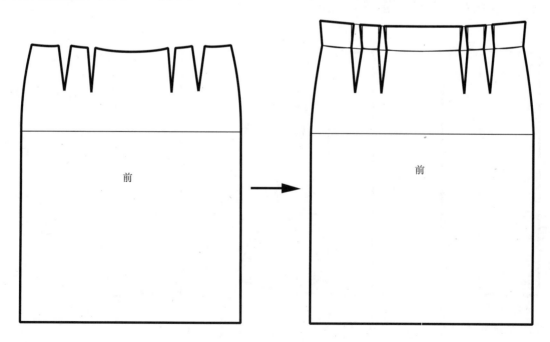

图3-107 高腰

**（二）低腰**

在原腰线的基础上，腰线下移，下移量根据事先设计确定。由于基础裙子腰线以下有一定的松量，为了裙腰更贴合人体，省道线需要略向外增大省道量，必要时侧缝也可以适当向内收进，从而减少腰线松量，如图3-108所示。

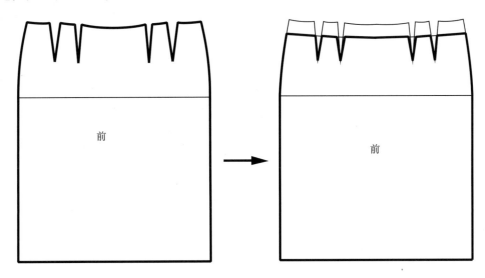

图3-108　低腰

# |第四章|
# 原型整体应用分步制图

# 第一节 原型前后衣长差的处理方法

塑造女性服装胸部的立体造型，可将侧缝前后差的部分做省道处理，直接在腋下收省，或者将其转移至其他部位。

直接在腋下收省，如图4-1所示。

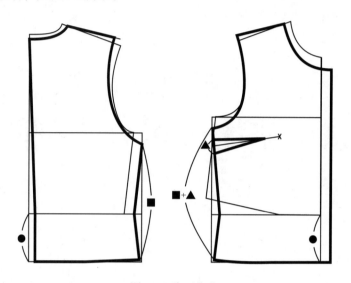

图4-1 腋下收省

转移至领口或其他部位，如图4-2所示。

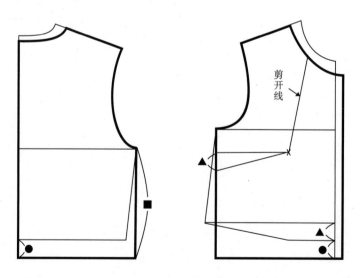

图4-2 前后侧缝长的差处理

具体操作方法如图4-3所示。将剪开线剪开，合并侧缝前后差，将领口线画顺，领口展开的量既可以作为抽褶量，也可以作为领口收省的量。

转移至腰线，如图4-4所示。

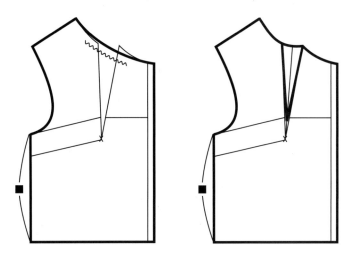

图4-3　领口抽褶或领口省

腰线加长既可以作为腰部的造型设计，也可以收省或抽褶，如图4-5所示。

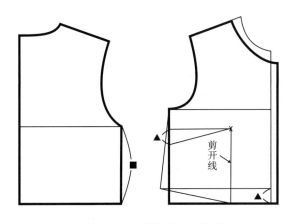

图4-4　前后侧缝长的差处理

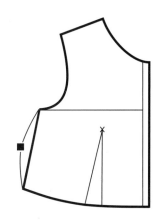

图4-5　腰线加长

转移至公主线，如图4-6所示。

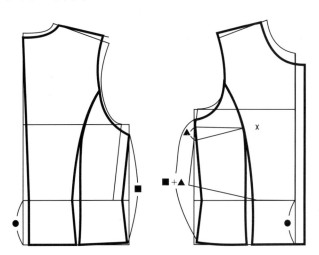

图4-6　侧缝省转移到公主线

修顺侧片的侧缝和公主线，如图4-7所示。

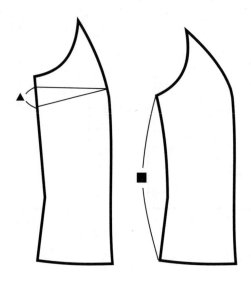

图4-7　修顺公主线

# 第二节　纸样修正方法

打板时要确保每条线圆顺，缝制后的每条线也要圆顺，这就要在纸样上对缝合部位进行修正。

将前后SNP点和前后肩缝对齐，画顺前后领口弧线，如图4-8所示。

将前后SP点和前后肩缝对齐，画顺前后肩部袖窿弧线，如图4-9所示。

将前后侧缝对齐，画顺前后腋下袖窿弧线，如图4-10所示。

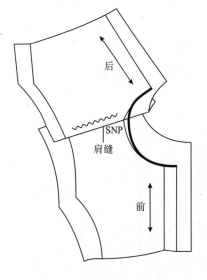
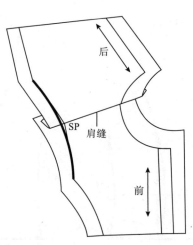
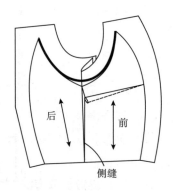

图4-8　领窝弧线的修正　　　　图4-9　前后袖窿肩部修正　　　　图4-10　前后袖窿腋下修正

将前后侧缝对齐，画顺底边线，如图4-11所示。

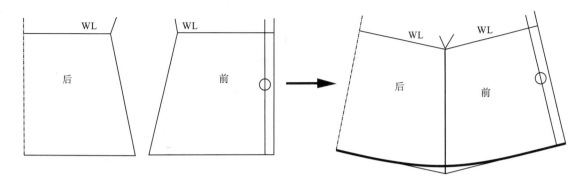

图4-11　底边侧缝修正

将袖底缝对齐，画顺腋下袖山弧线和袖口线，如图4-12所示。

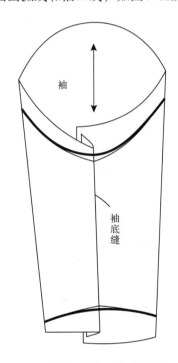

图4-12　袖山弧线、袖口线的修正

# 第三节　缝份加放

　　缝合拼接是根据造型设计要求、制作工艺、版型特点来进行的。缝份的加放方法通常平行于净缝。缝制方法、面料的厚度等都会影响缝份的大小。

## 一、缝份加放方法

衣身缝份加放方法，如图4-13所示。

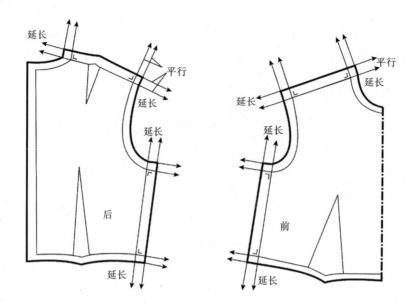

图4-13　衣身缝份加放方法

衣袖缝份加放方法，如图4-14所示。

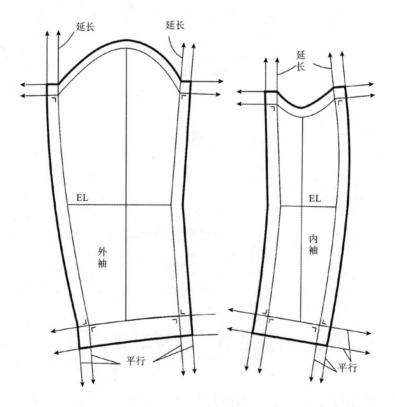

图4-14　衣袖缝份加放方法

## 二、缝份加放方法及加放量

公主线分割缝前、后衣片缝份加放方法及加放量，如图4-15、图4-16所示。

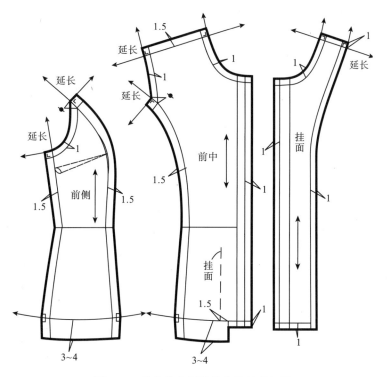

图4-15　公主线分割缝前衣片缝份加放

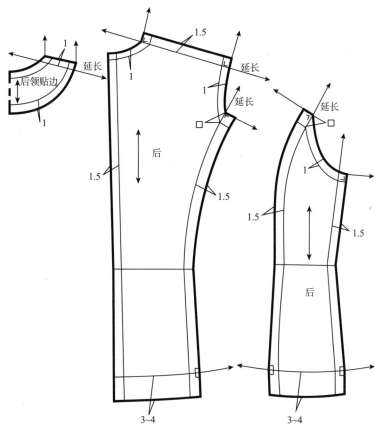

图4-16　公主线分割缝后衣片缝份加放

衣袖缝份加放方法及加放量，如图4-17所示。

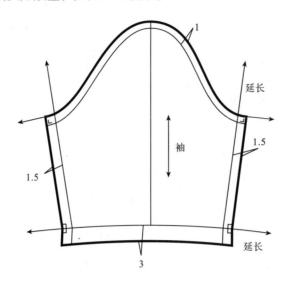

图4-17　衣袖缝份加放

裙子缝份加放方法及加放量，如图4-18所示。

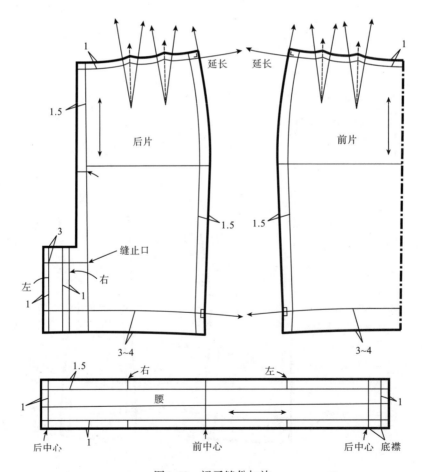

图4-18　裙子缝份加放

# 第四节　原型整体应用分步制图实例

## 一、无袖套头衫

### （一）款式特点分析

该款套头衫属于合体型服装。无省道，利用针织面料的弹性达到贴体效果。该款式的衣料可选用有较好弹性薄型的针织面料（图4-19）。

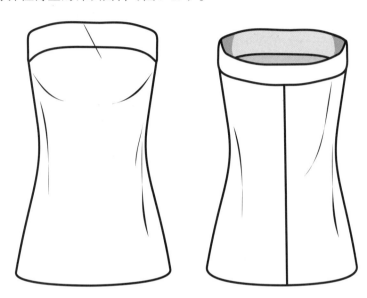

图4-19　无袖套头衫款式图

### （二）结构制图

前后衣片结构制图步骤如下。

（1）画原型样板：如图4-20所示，将文化式原型的前后衣片画到打版纸上。

（2）画衣长线：将原型的前后中心线从腰线向下延长17cm，分别作水平线，并在水平线上分别量取H/4-0.5cm。

（3）确定前、后衣长的起点：在前片原型的袖窿深线与前中心线交点向上3cm取一点，该点为前衣长的起点；后衣长的起点为后片原型的袖窿深线与后中心线交点。

（4）确定前、后胸围大点：前胸围大点为原型前片胸围大点向右向上各1cm，并用弧线连接前胸围大点和前胸中点；后胸围大点为原型后片胸围大点向左3cm向上2cm，并用弧线连接后胸围大点和后胸中点。

（5）确定腰围大点：将前后胸围大点分别先下作垂线并与原型腰线相交。前腰围大点为交点向上1cm再向右2cm；侧缝后腰围大点为交点向左1.5cm；背中腰围大点沿腰线向右1cm。

（6）确定前片分割线：分割线距离上边缘线4.5cm。

（7）画顺侧缝线：过胸围大点、腰围大点和底边宽点画顺侧缝线。

（8）画顺背中线：过背中点、腰围大点和底边宽点画顺背中线。

（9）画底边线：前底边线分别垂直于背中线、侧缝线；后底边线分别垂直于背中线、侧缝线。

（10）确定前后侧缝差量：量取前后侧缝线的长度，将其差量置于分割线以下。

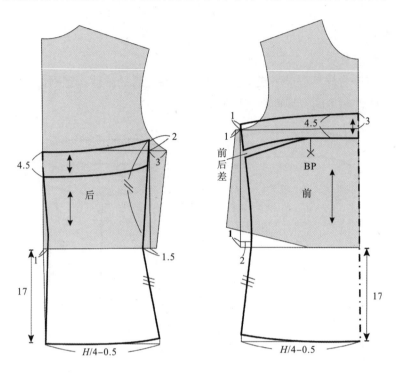

图4-20　无袖套头衫前后衣片结构图

## 二、褶裥短袖套头衫

### （一）款式特点分析

该款套头衫属于宽松型服装。前领口为圆领口，后领口为方形领口，套头式样；前、后衣身无省道呈宽身型；前领口左右各两个活裥，后领口抽碎褶。领口活裥及碎褶起装饰作用同时也使服装达到宽松效果，袖型为短袖、常规袖口如图4-21所示。

### （二）结构制图

#### 1．前后衣片

（1）画原型样板：如图4-22所示，将文化式原型的前后片画到打版纸上。

（2）画领口弧线：从原型的颈侧点开始分别沿着前、后片原型的肩线量取4.5cm和5cm作为前、后衣片领口的上端点；从原型的前、后领窝中点开始，分别沿着前中线和后中线量取5cm和9cm作为前、后衣片的领口线与原型领口线的交点；画顺前领窝弧线并向右延伸6cm，并向下作垂线作为前衣片的前中线；过后衣片的领口线与原型领口线的交点作水平线，向左延伸5cm，并向下作垂线作为后衣片的后中线；向右取8.5cm与后衣片的领口的上端点连成直线，即为后领口线；在缝制过程中，后领口水平方向抽成碎褶，使其长度缩短5cm，也就是说，缝完后的长度为8.5cm，如图4-23所示。

图4-21　褶裥短袖套头衫款式图

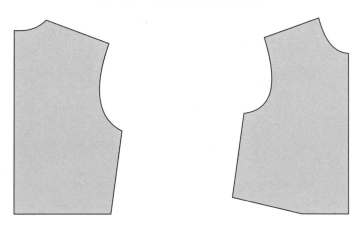

图4-22　画原型样板

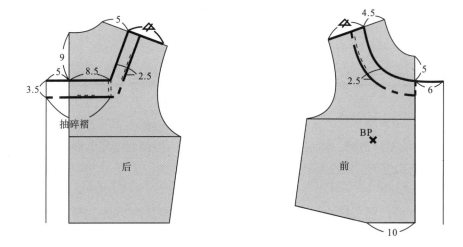

图4-23　画领口弧线和肩线

（3）确定肩线：前肩线到前片原型肩端点，使后片肩线长度与前片肩线长度相等。

（4）确定胸围大点：将原型前后胸围线分别向外延长2cm，再垂直向下3.5cm，分别为前后胸围大点，如图4-24所示。

（5）画袖窿弧线：分别过前、后肩端点和胸围大点，画顺前、后袖窿弧线。

（6）画侧缝线：从原型腰围线分别向下26cm并作水平线，与过胸围大点向下的垂直线的交点向外延长6cm，与胸围大点连接，作为侧缝线。

（7）画侧缝线底边线：将后片底边水平线进行三等分，过靠右的一等分点向侧缝线作垂线，为后片起翘量；前片起翘量与后片相同，画顺底边线。

（8）领口贴边：前领口贴边宽为2.5cm，后领口贴边宽分别为2.5cm和3.5cm。

（9）确定前后侧缝差量：分别测量前后侧缝长度，确定前后差量。

（10）确定前片展开线位置：在前领口上距离原型前中线7cm的一点与腰线处距离原型前中线10cm的点连成直线，该线为展开线。

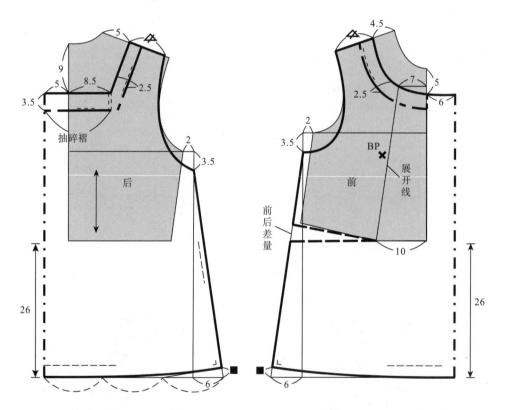

图4-24　短袖套头衫前后片结构图

（11）确定前领口折裥：将前片展开线剪开，折叠前后侧缝差量，在前领口标志a、b、c、d四点，缝合时a与b对齐，c与d对齐，如图4-25所示。

**2. 袖子**

（1）作十字线，竖线即袖中线；横线为袖宽线，取袖长为24cm，袖山高为15cm，从袖山顶点向袖宽线分别斜量前AH+0.5cm和后AH+0.5cm，如图4-26所示。

（2）将前袖山斜线进行两等分和四等分，在前袖山上的1/4点作垂直于前袖山斜线的垂

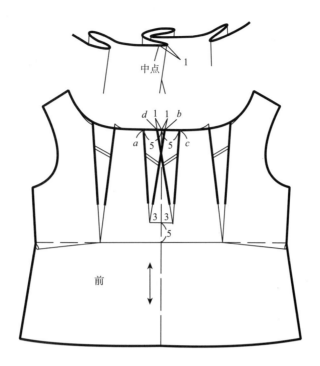

图4-25　短袖套头衫前片结构变化图

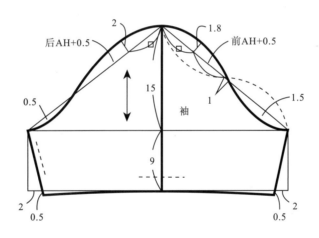

图4-26　短袖套头衫袖子结构图

线，在该垂线上取1.8cm，在后袖上斜线上取前袖山的四等分作垂直于后袖山斜线的垂线，在该垂线上取2cm，画顺袖山弧线。

（3）袖宽线两端点向下作垂线与袖长线相交，袖口向内收进2cm，向下0.5cm，画顺袖口弧线。

### 三、抽褶短袖套头衫

#### （一）款式特点分析

该款套头衫属于宽松型服装。前领口为圆领口，后领中开一小衩，套头式样；领口滚边；前、后衣身为无省道宽身型；前后领口抽碎褶，抽碎褶起装饰作用的同时，也使服装达到宽松效果，袖型为短袖、大袖口，如图4-27所示。

图4-27　抽褶短袖套头衫款式图

## （二）结构制图

### 1. 前后衣片

（1）画原型样板：将文化式原型的前后衣片画到打版纸上，如图4-28所示。

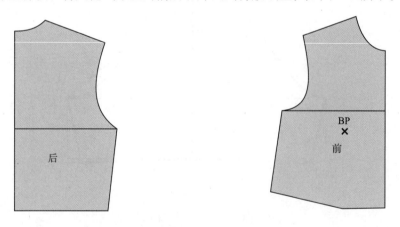

图4-28　画原型样板

（2）确定肩线：距离原型前肩线0.5cm处作平行于原型前肩线的线，该线为衣片前肩斜线；距离原型后肩线0.5cm处作平行于原型后肩线的线，该线为衣片前肩斜线，如图4-29所示。

（3）画领口弧线：从原型的侧颈点开始分别沿着前、后片原型的肩线量取4.5cm和5cm作为前、后衣片的领口的上端点；从原型的前后领窝中点开始分别沿着前中线和后中线量取9cm和2cm作为前、后衣片的领口线与原型领口线的交点；画顺前后领窝弧线。

（4）领窝前中心点向右延伸3cm，并向下作垂线作为前衣片的前中线，领窝后中心点向左延伸2cm，并向下作垂线作为后衣片的后中线；在缝制过程中，如图前后领口水平方向抽

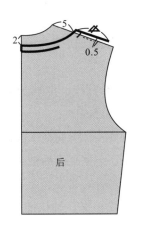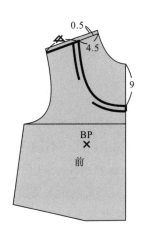

图4-29　画领口弧线

成碎褶，使其长度分别缩短3cm和2cm，如图4-30所示。

（5）确定肩端点：前片原型肩端点即为前衣片的肩端点，在衣片的后肩斜线上取后片肩线长度与前片肩线长度相等，确定后衣片的肩端点。

（6）确定胸围大点：分别将原型前后胸围线分别向外延长3cm和4cm，再垂直向下3cm和2cm，分别为前后胸围大点。

（7）画袖窿弧线：分别过前、后肩端点和胸围大点，画顺前、后袖窿弧线。

（8）画侧缝线：从原型腰围线分别向下32cm并作水平线，与过前后胸围大点向下的垂直线的交点分别向外延长12cm和10cm，并连接胸围大点，作为侧缝线辅助线；在腰线位收进

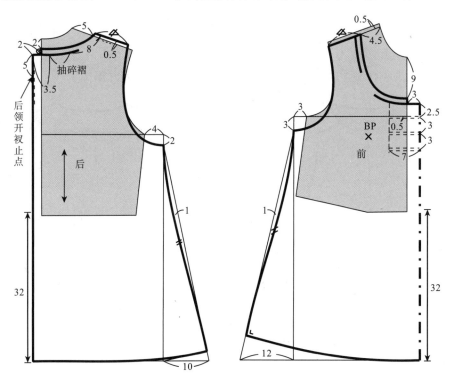

图4-30　短袖套头衫前后片结构图

1cm，画顺前后侧缝线。

（9）画侧缝线底边线：如图画顺前后底边线，并使前后侧缝长相等。

2. 袖子

（1）如图4-31所示，作十字线，竖线即袖中线；横线为袖宽线，取袖长为24cm，袖山高为15cm，从袖山顶点向袖宽线分别斜量前AH+0.5cm和后AH+0.5cm。

（2）将前袖山斜线进行两等分和四等分，在前袖山上的1/4点作垂直于前袖山斜线的垂线，在垂线上分别取1.8cm，在后袖上斜线上取前袖山的四等分作垂直于后袖山斜线的垂线，在该垂线上取2cm，画顺袖山弧线。

（3）袖宽线两端点向下作垂线与袖长线向上3cm作水平线相交，袖口向外放出2cm，画顺袖口弧线。

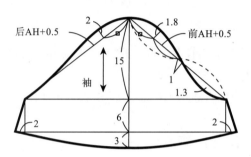

图4-31　短袖套头衫袖子结构图

## 四、蝙蝠袖衬衫

### （一）款式特点分析

图4-32所示为小翻领合体长袖连衣裙，前后有省道收腰，大方得体。

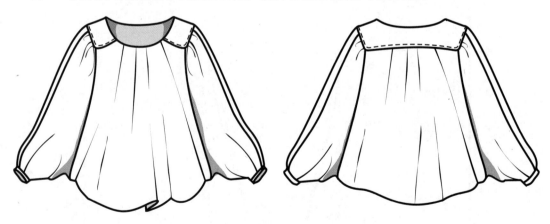

图4-32　蝙蝠袖衬衫款式图

### （二）结构制图

#### 1. 原型调整

（1）将新文化式原型的后肩省二等分，过省尖点作水平线和垂直线，分别与袖窿弧线相交和腰围线相交作为打开线，如图4-33所示。

（2）剪开打开线，将1/2的后肩省闭合，在袖窿处打开，闭合另1/2后肩省在腰线处打开。

（3）将前领窝弧线的中点与BP连接作为原型前片的打开线，剪开打开线，闭合1/2前袖窿省转移到领口处，另1/2省量在袖窿处。

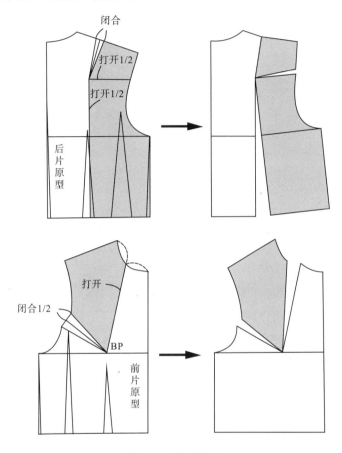

图4-33　原型调整

## 2. 前、后衣片

（1）画原型样板：将调整后的新文化式原型的前后衣片如图画到作图纸上，如图4-34所示。

（2）确定衣长线：从腰围线向下21cm，并作水平线。

（3）画领口线：从原型的侧颈点开始，沿着前后片原型的肩线量取3cm作为前、后衣片的领口的上端点，过原型的前领窝中点向下7cm作水平线量取8.5cm，画顺前领窝弧线，过后领窝中点向下1cm取点，画顺后领窝弧线。

（4）确定肩线：从原型前后肩端点向上取1cm，将该点与衣片侧颈点连成直线并延长，取袖长-10作为袖长线。

（5）如图沿前领窝弧线向下6.5cm定育克位置，再先下1cm取点，将该点与距离前腰围大点3.5cm的点连成直线，该线为前片侧缝线；在将该点与距离衣长线与原型前中线5cm的点连成直线，该线为前袖底缝线。

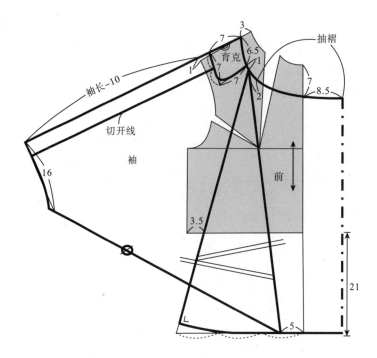

图4-34 画前袖袖长

（6）如图4-35所示，将前片底边线三等分，过第一等分点向前片侧缝线作垂线，画顺前底边线；使前袖底缝线与前片侧缝线等长。

（7）过袖长端点作袖长线的垂线，在该垂线上取16cm作为前袖口大。将袖口大点与前袖底缝线端点连成直线，画顺前袖口线。

（8）前育克的画法及前袖切开线如图4-35所示。

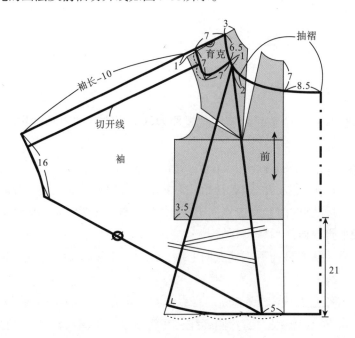

图4-35 前片结构图

（9）沿后肩线向右7cm和后领窝中点向下8.5cm定育克位置，过8.5cm这点作水平线，向左延长13cm，该线与后展开线的交点向右3cm取点，将该点与距离后展开线在前腰围上的8.5cm的点连成直线，该线即为前片侧缝线。在将该点与距离侧缝线下端点7cm的点连成直线，该线为前袖底缝线，如图4-36所示。

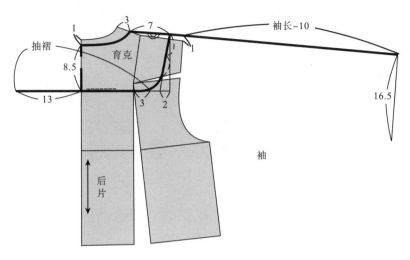

图4-36　画后袖袖长

（10）将后片底边线三等分，过第二等分点向后片侧缝线作垂线，画顺后底边线；使后袖底缝线与后片侧缝线等长，如图4-37所示。

（11）过袖长端点作袖长线的垂线，在该垂线上取16.5cm作为后袖口大。将袖口大点与后袖底缝线端点连成直线，画顺后袖口线。

（12）后育克的画法及后袖切开线如图4-37所示。

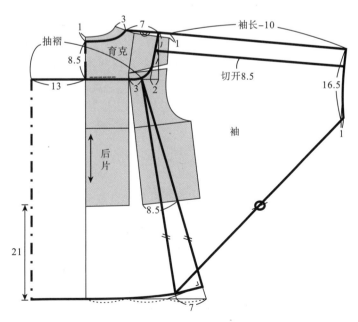

图4-37　后片结构图

（13）将前后育克合并为一整片，如图4-38所示。

（14）将前后袖在切开线处展开，各展开5cm和8cm，如图4-39所示。

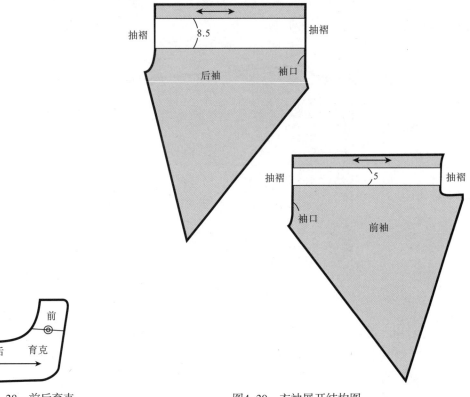

图4-38　前后育克　　　　　　　　　　图4-39　衣袖展开结构图

## 五、无袖连衣裙

### （一）款式特点分析

图4-40所示套头衫属于合体型连衣裙。该款前中开口使用拉链起装饰的作用，同时也便于穿脱，前片外加雪纺，系结装饰。

### （二）前后衣片结构制图

**1. 画原型样板**

将文化式原型的前后衣片画到打版纸上，如图4-41所示。

**2. 画领口弧线**

从原型的侧颈点开始分别沿着前、后片原型的肩线量取5cm作为前、后衣片的领口的上端点，从前片原型胸围线向上1cm、向左0.5cm取点，从后领窝中点开始沿着后中线量取6cm取点，画顺前领窝弧线，并向下作垂线作为前衣片的前中线。

**3. 确定肩线**

前、后肩线分别在原型肩线上取4.5cm。

**4. 确定胸围大点**

分别将原型前后胸围大点，向下作垂线，在垂线上分别取4.5cm和4cm，分别为前后胸围

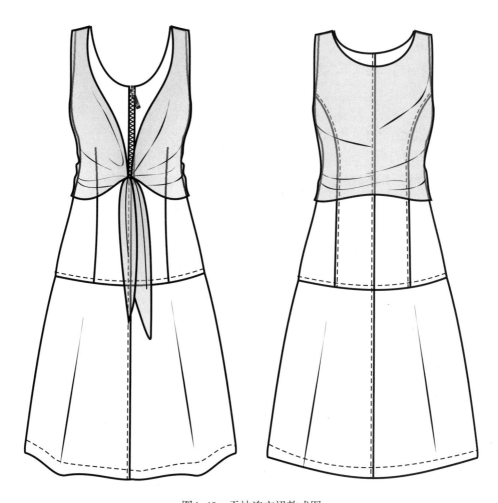

图4-40 无袖连衣裙款式图

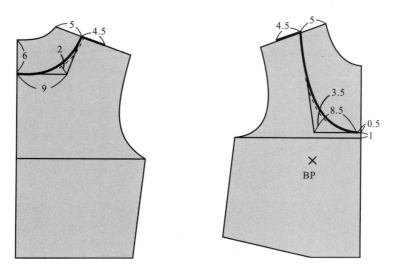

图4-41 画原型样板

大点，如图4-42所示。

5. 画袖窿弧线

分别过前、后肩端点和胸围大点，画顺前、后袖窿弧线。

6. 画侧缝线

从原型腰围线分别向下58cm作水平线，在水平线上量取$H/4+8$cm再分别向外延长11cm和10cm，如图并连接腰围大点，作为侧缝线辅助线。

7. 画底边线

画顺前后底边线，并使前后侧缝长相等，如图4-43所示。

8. 贴边

如领口和袖窿贴边为1.5cm，门襟贴边分别为3cm。

9. 前片装饰片

如图4-44所示。

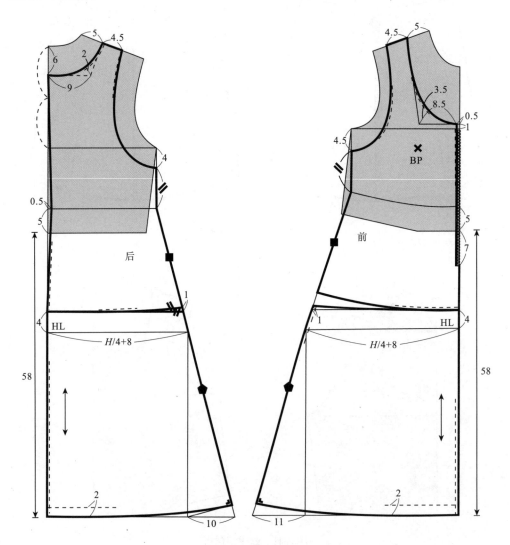

图4-42 画袖窿弧线

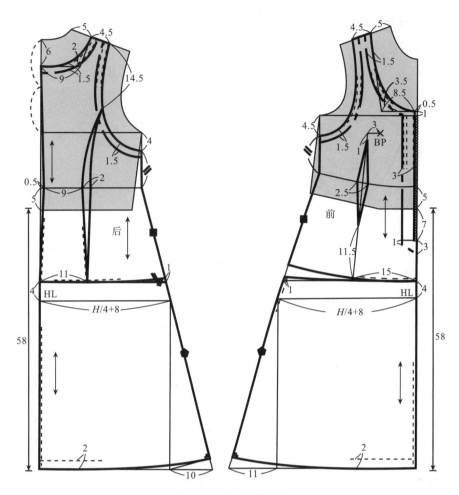

图4-43 前后片结构图

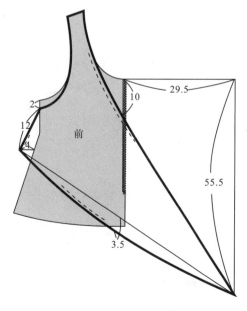

图4-44 前片装饰片结构图

### 六、无袖灯笼连衣裙

#### （一）款式特点分析

图4-45所示属于合体型无袖连衣裙，垂浪领口、卡腰身、臀围宽大。该款式的衣料可选用弹性较好的针织时装面料。

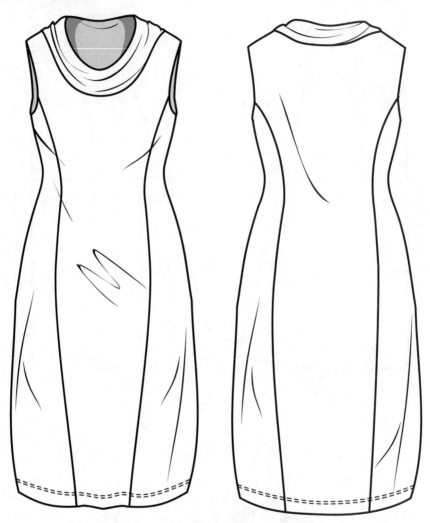

图4-45　无袖灯笼连衣裙款式图

#### （二）结构制图

**1. 原型调整**

（1）将新文化式原型的后肩省三等分，过省尖点作水平线，交袖窿弧线相交作为打开线，如图4-46所示。

（2）剪开打开线，将1/3的后肩省闭合，在袖窿处打开。

（3）将前领窝弧线的中点与BP连接作为原型前片的打开线，剪开打开线，闭合部分前袖窿省，留下的省量与后片袖窿处展开的量相同。

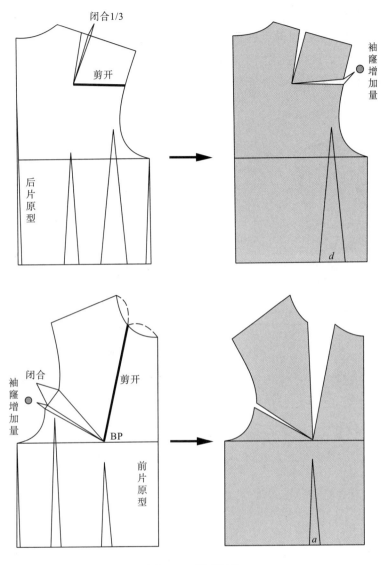

图4-46 原型调整

## 2. 前后衣片

（1）画原型样板：将调整后的新文化式原型的前后衣片如图画到打版纸上，如图4-47所示。

（2）确定衣长线：从腰围线向下量取50cm作水平线。

（3）画领口线：从原型的侧颈点开始沿着前后片原型的肩线量取2.5cm作为前、后衣片的领口的上端点；过原型的前领窝中点作水平线量取8cm，将该点与衣长前底边端点连线并延长，过前衣片的领口的上端点作垂直于该线的垂线，该线为前领口线；过后领窝中点和后衣片的领口的上端点画顺后领窝弧线。

（4）确定肩线：从原型前肩端点沿着前肩线取0.5cm，将该点与前衣片领口的上端点连线，即为前肩线；后肩线取与前肩线长度相同。

（5）确定胸围大点：前胸围大沿胸围线向右4cm再向下2.5cm，后胸围大点为原型向下

2.5cm，如图4-48所示。

（6）画袖窿弧线：分别过前、后肩端点和胸围大点，画顺前、后袖窿弧线。

（7）确定臀围线：从腰围线向下取臀高作臀围线，取前、后臀围大分别为H/4+3cm和H/4+4.5cm，过臀大点向下作垂线并与衣长线相交。

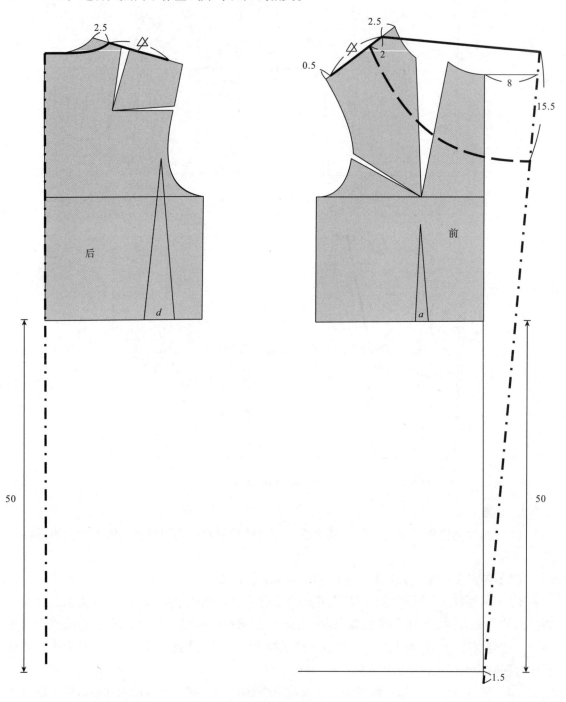

图4-47　画领口线

（8）画侧缝线：画顺前后侧缝线，如图4-48所示。

（9）画底边线：前片衣长线向下放低1.5cm，如图画顺前后底边线。

（10）画刀背缝：画顺前后刀背缝，如图4-49所示。

（11）领口细节如图4-50所示。

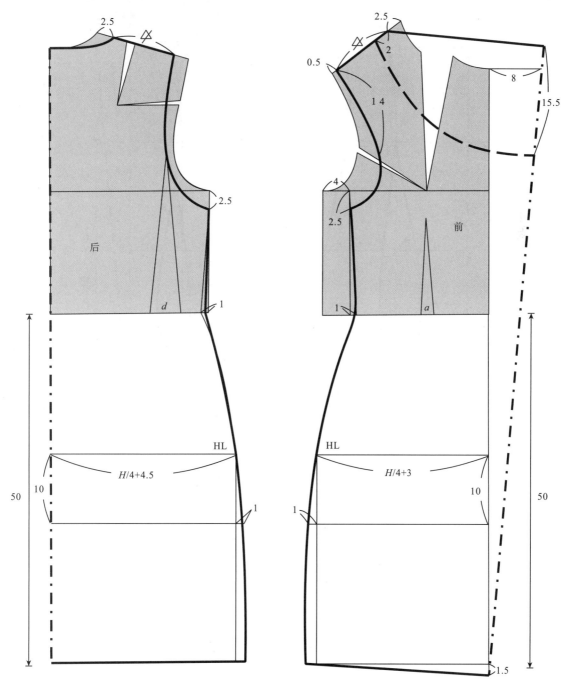

图4-48 画袖窿弧线、确定臀围等

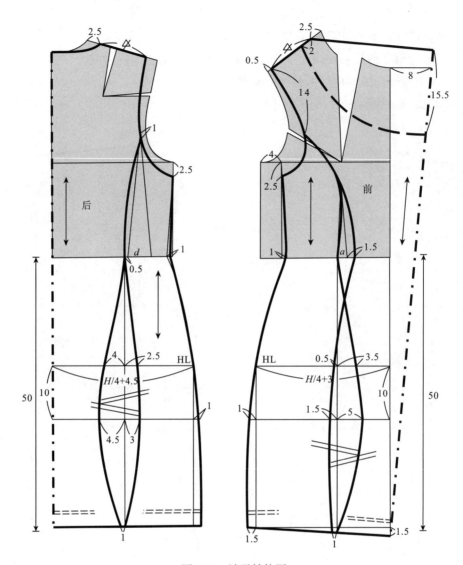

图4-49 袖子结构图

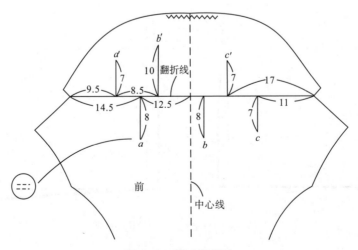

图4-50 领口细节图

## 七、小翻领长袖连衣裙

### （一）款式特点分析

图4-51所示款式为小翻领合体长袖连衣裙。该款前后有省道收腰，大方得体。

图4-51　小翻领长袖连衣裙款式图

### （二）结构制图

#### 1. 前后衣片

（1）画原型样板：将文化式原型的前后衣片画到作图纸上，如图4-52所示。

（2）画领口弧线：从原型的前侧颈点开始沿着前肩线量取0.5cm，从原型的前颈中点垂直向下量取1cm取点；该点水平向右量取2.5cm作为搭门宽，并向下作垂线，如图画顺前领窝弧线。原型的后侧颈点分别向上和向左各取0.5cm作为衣片的后侧颈点，过该点与原型颈后中点画顺后领窝弧线，同时过该点作原型后肩斜线的平行线。

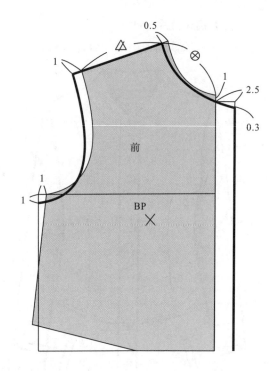

图4-52　画原型样板

（3）确定肩线：前片原型肩端点沿肩斜线延长1cm即为衣片的前肩线，使后片肩线长度比前片肩线长度多1.5cm作为后肩省量，后肩省的画法如图4-52所示。

（4）确定胸围大点：将原型前胸围大点，向左和向下作各取1cm确定前胸围大点；将原型后胸围大点，向右取1cm确定后胸围大点。

（5）画袖窿弧线：分别过前、后肩端点和胸围大点，画顺前、后袖窿弧线。

（6）画侧缝线：从原型腰围线分别向下69cm并作水平线，与分别过前后胸围大点向下的垂直线的交点分别向外延长5.5cm和5cm，腰线处收进0.5cm，作侧缝线，如图4-53所示。

（7）画底边线：画顺前后底边线。

（8）确定前片分割线：从前腰线向下10cm画水平线，即为前片分割线，如图4-54所示。

（9）确定前后侧缝差量：分别测量前后侧缝长度，确定前后差量，将前后差量转至前腰省。

（10）画前后腰省：如图4-55所示。

（11）画口袋位和前门襟：如图4-55所示。

**2. 领子**

领子结构制图如图4-56所示。

**3. 袖子**

（1）确定袖山高：将前后衣片侧缝对齐，并延长侧缝线，分别过前后肩点作水平线交侧缝线的延长线，取两交点的中点，将该中点到前后片胸围线的距离进行五等分，其中的4份即为袖山高，如图4-57所示。

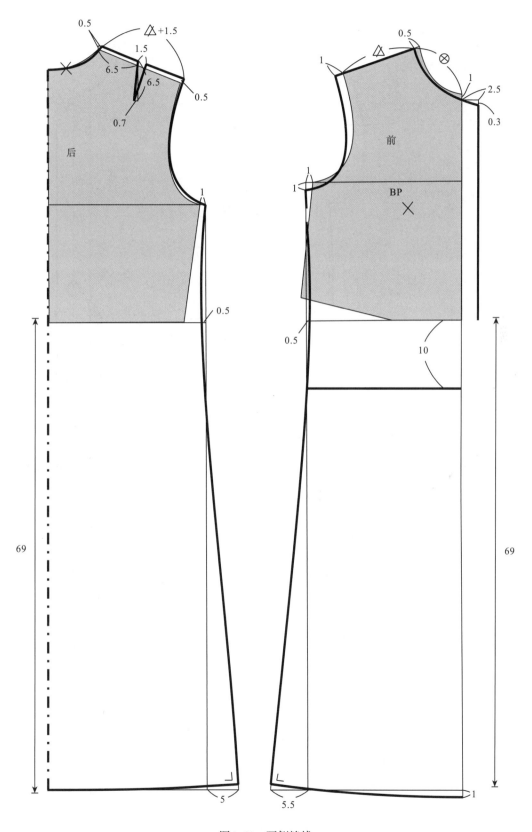

图4-53　画侧缝线

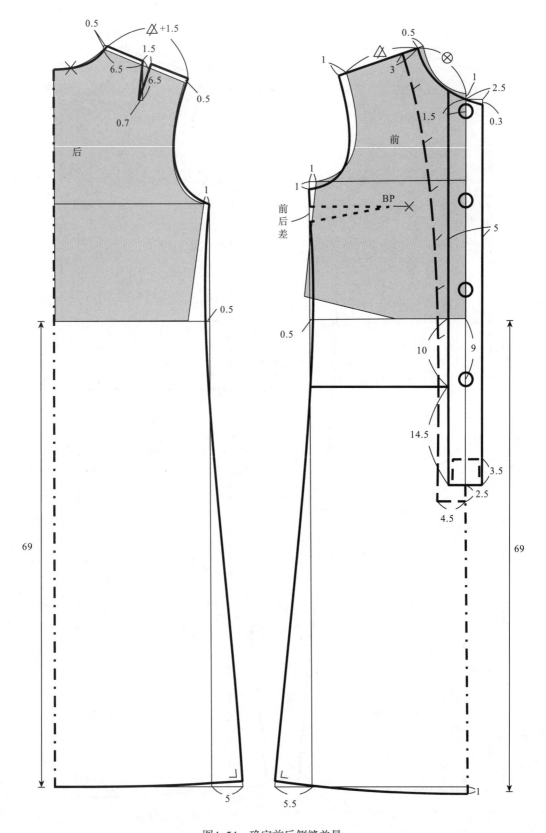

图4-54　确定前后侧缝差量

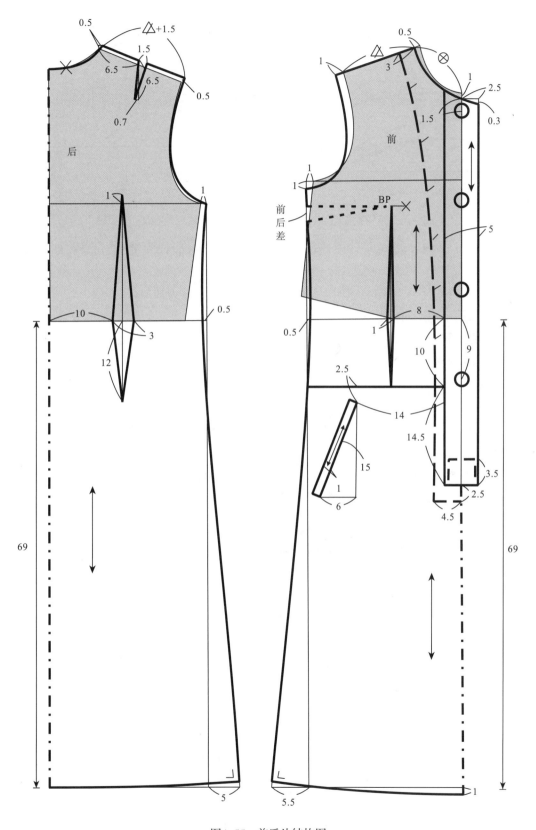

图4-55　前后片结构图

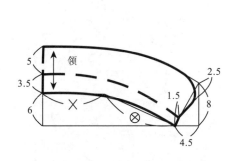

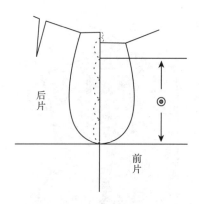

图4-56　前片结构变化图　　　　　　　　图4-57　确定袖山高

（2）作十字线：竖线即袖中线；横线为袖宽线，取袖长为袖长-6cm和袖山高，如图4-58所示。

（3）确定袖肘线：从袖宽线向下量取16cm作水平线，即为袖肘线。

（4）从袖山顶点向袖宽线分别斜量前AH和后AH+1。

（5）将前袖山斜线进行两等分和四等分，在前袖山上的1/4点作垂直于前袖山斜线的垂线，在该垂线上取1.8cm，在后袖上斜线上取前袖山的四等分作垂直于后袖山斜线的垂线，在该垂线上取1.8cm，如图画顺袖山弧线。

（6）将前后袖宽线分别进行等分，并过等分点作垂线，分别交袖山弧线和袖长线。

（7）前袖偏量为3cm，袖口大12cm，画出大袖、小袖和袖口，如图4-58所示。

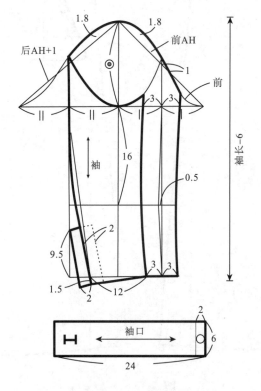

图4-58　袖子结构图

## 八、长袖短外套

### （一）款式特点分析

图4-59所示款式为卡腰合体短外套。该款前后片有公主线进行分割，修身合体；后领为小立领、收腰，后腰有腰带分割，前片有口袋，前门襟造型新颖。

图4-59 长袖短外套款式图

### （二）结构制图

#### 1. 前后衣片

（1）画原型样板：将文化式原型的前后衣片画到打版纸上，如图4-60所示。

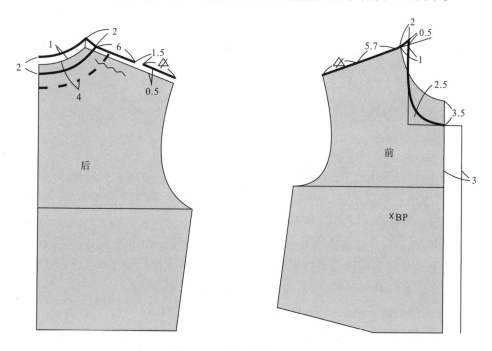

图4-60 画原型样板和领口线

（2）领口弧线：从原型的前侧颈点开始延长前肩线并量取1cm向上0.5cm，从原型的前颈中点垂直向下量取3.5cm取点；该点水平向右量取3cm作为搭门宽，并向下作垂线，如图画顺前领窝弧线。原型的后侧颈点向上1cm作为衣片的后侧颈点，过该点与原型颈后中点画顺后领窝弧线。

（3）确定肩线：前片原型肩端点即为衣片的前肩端点，距离原型后肩斜线0.5cm作其平行线，后肩省量为1.5cm，后肩省的画法如图所示。后片肩线长度比前片肩线长度长0.3cm作为缩缝量。

（4）确定胸围大点：分别将原型前后胸围线向外延长1cm，分别为前后胸围大点，如图4-61所示。

（5）画袖窿弧线：分别过前、后肩端点和胸围大点，画顺前、后袖窿弧线。

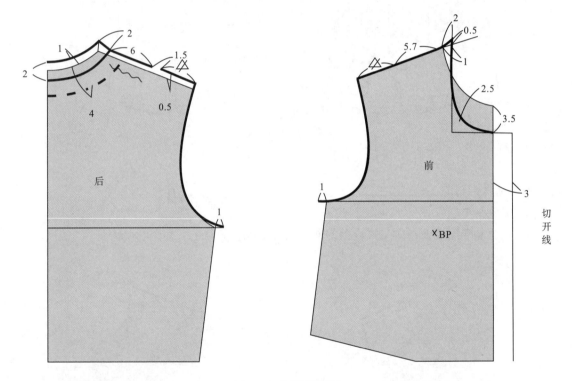

图4-61　画袖窿弧线

（6）衣长线：腰围线向下13cm作衣长线，前片放低2cm，如图4-62所示。

（7）画背中线：过后颈点、后胸围线与后颈点的中点、腰线向上5cm进1.5cm的点画顺背中线，腰线以下为直线。

（8）画侧缝线：前片过前胸围大点向下做垂线，在腰线向上5cm至向下1cm处收进2cm，画顺前侧缝线；后片过后胸围大点作原型后侧缝的平行线至腰线向上5cm处，从该处向下作垂线，底边放出1cm，画顺后侧缝线，如图4-62所示。

（9）确定前后侧缝长差和切开线：指向BP，如图4-62所示。

（10）画前后公主线：画出前后公主线，底边处前后片分别交差1cm和0.5cm，如图4-62所示。

（11）画底边线：画顺底边线，如图4-62所示。

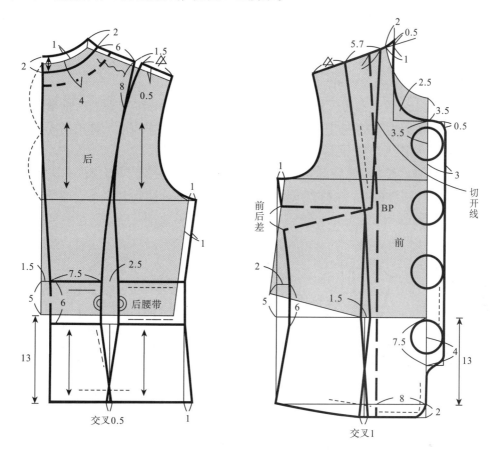

图4-62　前后片结构图

（12）前片腰带位和口袋：如图4-63所示。

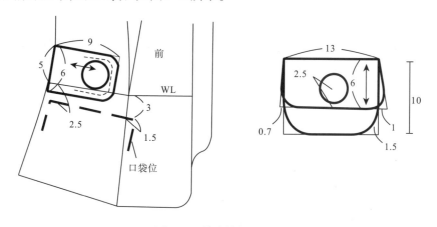

图4-63　前片结构变化图

（13）前片切开变化：将前片的前中片和侧片分开，折叠前后差量，将省量转移到切开线处，修顺侧缝线和公主线，在切开线处设计新省，省长为12cm，缝纫时缩缝去除前中片和侧片在公主线处的差量，如图4-64所示。

## 2．袖子

（1）作十字线，竖线即袖中线，横线为袖宽线，取袖长为袖长和袖山高14cm，如图4-65所示。

（2）确定袖肘线，从袖宽线向下量取14cm作水平线，即为袖肘线。

（3）从袖山顶点向袖宽线分别斜量前AH+0.5cm和后AH+0.7cm。

（4）将前袖山斜线进行两等分和四等分，在前袖山上的1/4点作垂直于前袖山斜线的垂线，在该垂线上取2cm，在后袖上斜线上取前袖山的四等分作垂直于后袖山斜线的垂线，在该垂线上取2cm，如图画顺袖山弧线。

（5）将前后袖宽线分别进行等分，并过等分点作垂线，分别交袖山弧线和袖长线。

（6）前袖偏量为2.5cm，在袖宽线处后袖偏量为1.5cm，袖口大12cm，如图所示画出大袖、小袖和袖口弧线。

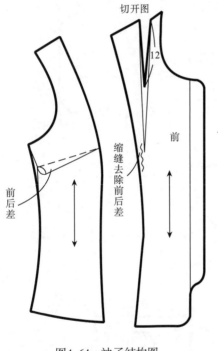

图4-64　袖子结构图

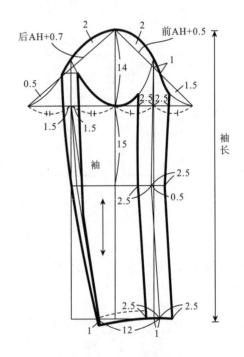

图4-65　袖子结构图

## 九、长袖休闲外搭

### （一）款式特点分析

该款为卡腰合体短外套。前后片有公主线进行分割，修身合体；后领为小立领、收腰，后腰有腰带分割，前片有口袋，前门襟造型新颖。该款式的衣料可选用中厚针织时装面料，如图4-66所示。

### （二）结构制图

#### 1．原型调整

（1）将新文化式原型的后肩省三等分，过省尖点作水平线与袖窿弧线，该线相交作为

图4-66　长袖休闲外搭款式图

打开线，如图4-67所示。

（2）剪开打开线，将2/3的后肩省闭合，在袖窿处打开。

（3）过BP点向下作垂线作为打开线，剪开打开线，闭合部分前袖窿省，留下的省量与后片袖窿处展开的量相同。

2. 前后衣片

（1）画原型样板：将调整后的新文化式原型的前后衣片画到打版纸上，如图4-68所示。

（2）画领口弧线：从原型的前侧颈点开始沿前肩线量取2cm作为衣片的前侧颈点，前胸围线向左向上各3cm取点作为前领深点，如图画顺前领窝弧线。原型的后侧颈点水平向右2cm作为衣片的后侧颈点，过该点与原型颈后中点画顺后领窝弧线。

（3）确定肩线：从前后肩端点沿肩线量取1.5cm作为衣片的肩端点，连接衣片肩端点与侧颈点，后片肩线长度比前片肩线长度长出的量作为缩缝量。

（4）确定衣长线：从腰围线向下量取41cm，并作水平线，如图4-69所示。

（5）确定胸围大点：原型的前胸围大点向下作垂线，取1cm点即为衣片前胸围大点；原型的后胸围大点向左1cm向下作垂线，向下取1cm点即为衣片后胸围大点。

（6）画袖窿弧线：分别过前、后肩端点和胸围大点，画顺前、后袖窿弧线。

（7）画侧缝线：前片过前胸围大点向下做垂线，如图在腰线向内收进1.5cm，如图画顺侧缝线。

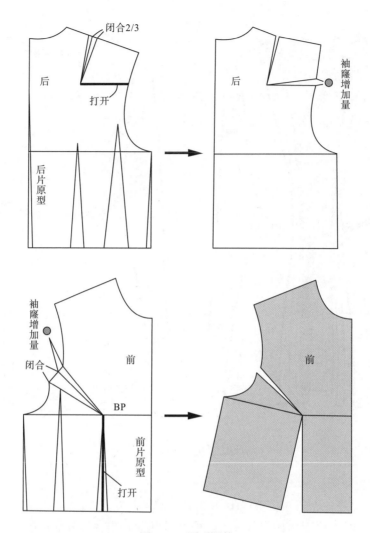

图4-67 原型调整

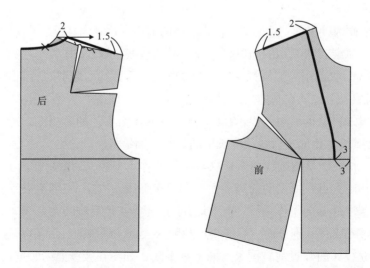

图4-68 画原型样板

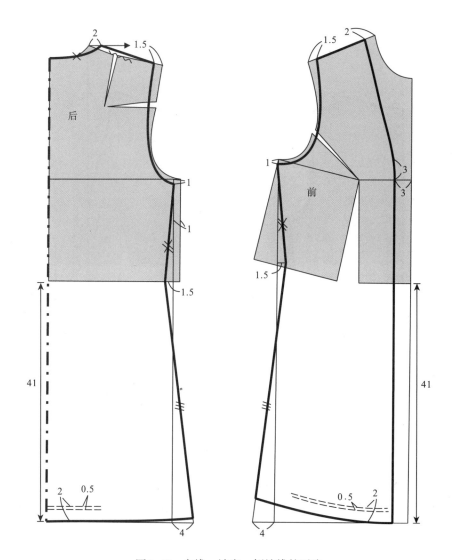

图4-69 肩线、袖窿、侧缝线的画法

（8）衣领：画法如图4-70所示。

3. **袖子**

（1）确定袖山高：将前后衣片侧缝对齐，并延长侧缝线，分别过前后肩点作水平线交侧缝线的延长线，取两交点的中点，将该中点到前后片胸围线的距离进行四等分，其中的3份即为袖山高，如图4-71所示。

（2）作十字线，竖线即袖中线，横线为袖宽线，取袖长为袖长和袖山高，如图4-72所示。

（3）从袖山顶点向袖宽线分别斜量前AH和后AH。

（4）将前袖山斜线进行两等分和四等分，在前袖山上的1/4点作垂直于前袖山斜线的垂线，在该垂线上取1.8cm，在后袖上斜线上取前袖山的四等分作垂直于后袖山斜线的垂线，在该垂线上取1.8cm，如图4-72所示画顺袖山弧线。

（5）将前后袖宽线分别进行等分，并过等分点作垂线，分别交袖山弧线和袖长线。

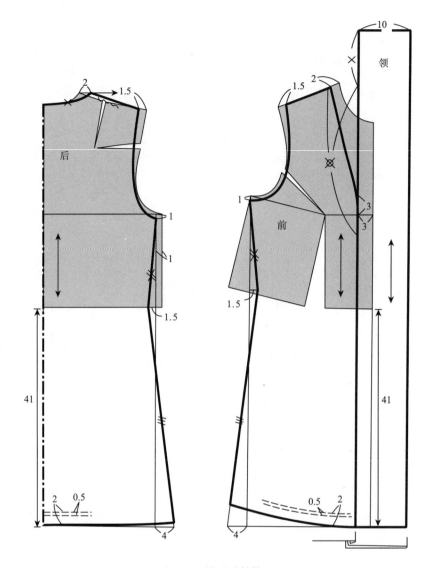

图4-70　前后片结构图

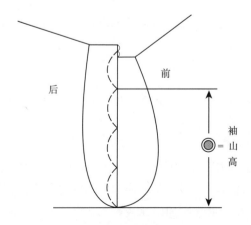

图4-71　袖山高的确定

（6）袖口大为21cm，将袖口与袖宽的差量六等分，将这6份分别分配到如图4-72所示位置。

（7）将袖口多余的量去除，修顺袖山弧线和袖口线，如图4-73所示。

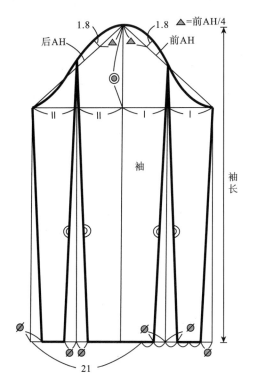

图4-72　袖子结构图

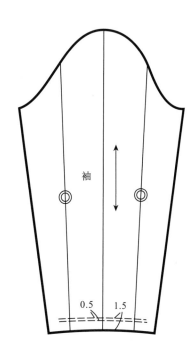

图4-73　袖子完成图

# 第五章
## 原型整体应用实例

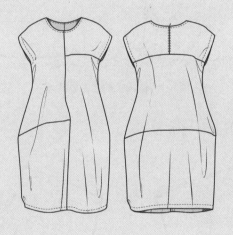

# 第一节　文化式原型整体应用实例

## 一、休闲短袖上衣
### （一）款式特点分析

休闲短袖上衣款式如图5-1所示。此款为休闲短袖上衣、圆领口，里外两层布，两块布片在袖窿弧、领口处缝在一起。外层布作短款连袖设计，里布为无袖，外层布衣身长度短于里布。整体款式新颖时尚，适合年轻女性穿着。

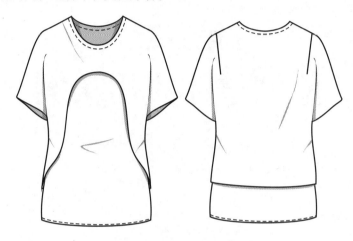

图5-1　休闲短袖上衣款式图

### （二）结构制图

休闲短袖上衣结构制图如图5-2所示。

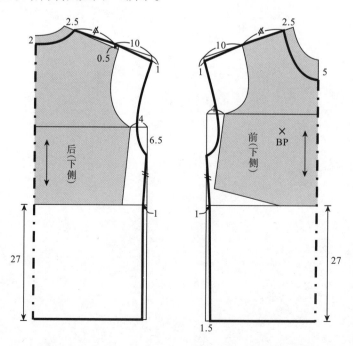

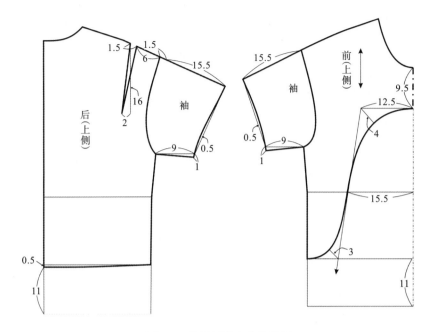

图5-2　休闲短袖上衣结构图

## 二、初夏休闲短袖长款上衣

### （一）款式特点分析

初夏休闲短袖长款上衣款式如图5-3所示。此款上衣的衣身与短袖分割，圆形包边领，是经典的育克结构设计，前片有一圆角贴袋，后片在育克处做褶裥处理，简单中有一丝精致。面料可选用雪纺等薄透面料，凉爽透气、优雅大方。

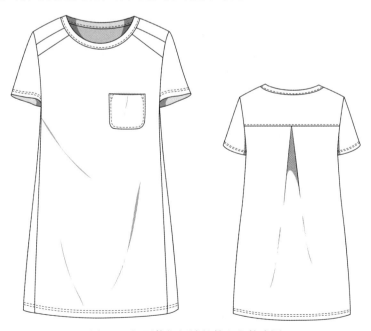

图5-3　初夏休闲短袖长款上衣款式图

## （二）结构制图

初夏休闲短袖长款上衣结构制图如图5-4所示。

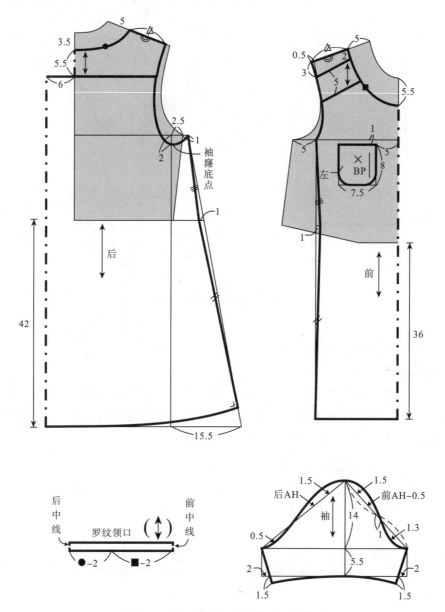

图5-4　初夏休闲短袖长款上衣结构图

## 三、休闲衬衫

### （一）款式特点分析

休闲衬衫款式如图5-5所示。此款衬衫为较宽松风格，门襟6粒暗扣，男士衬衫领，圆下摆，有育克，过肩，前片将侧缝省转成斜腰省，后中做工字褶处理，款式休闲大方。

### （二）结构制图

休闲衬衫结构制图如图5-6、图5-7所示。

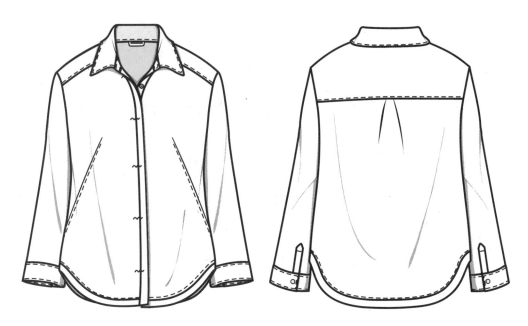

图5-5　休闲衬衫款式图

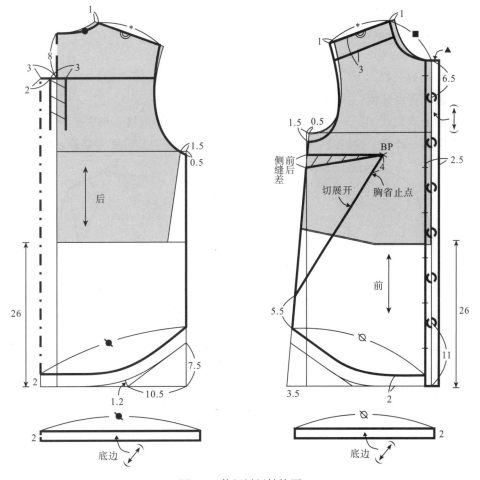

图5-6　休闲衬衫结构图

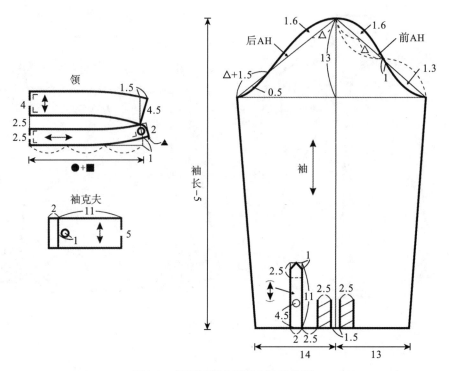

图5-7 休闲衬衫衣领和衣袖结构图

## 四、套头长袖上衣

### （一）款式特点分析

套头长袖上衣款式如图5-8所示。此款套头上衣为较合体风格，小V领，肩部与前中均作抽褶处理，合体一片袖，在侧缝处作收腰处理，无收省，配合装饰腰带穿着更加时尚大方。

图5-8 套头长袖上衣款式图

### （二）结构制图

套头长袖上衣衣身结构制图如图5-9所示，衣袖结构图如图5-10所示。

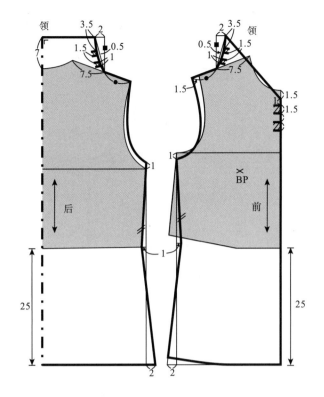

图5-9　套头长袖上衣衣身结构图

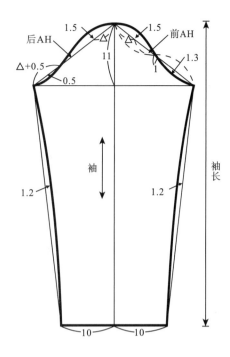

图5-10　套头长袖上衣衣袖结构图

## 五、短袖连衣裙

### （一）款式特点分析

短袖连衣裙款式如图5-11所示。此款连衣裙衣身上半部较为贴体，下半部较为蓬松；圆

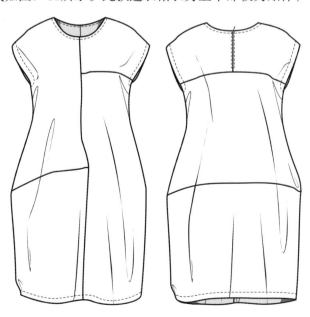

图5-11　短袖连衣裙款式图

领，连袖，前后片衣身分别在胸围、臀围处有一条装饰分割线，后中绱隐形拉链，整体造型独特大方。

### （二）结构制图

短袖连衣裙面布结构制图如图5-12所示。

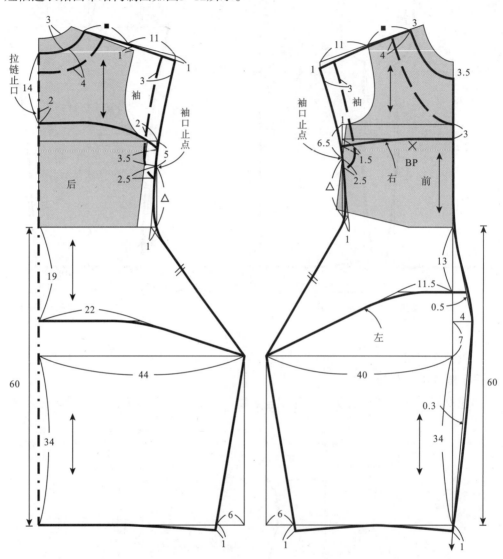

图5-12 短袖连衣裙面布结构制图

里布结构制图如图5-13所示。

## 六、长袖休闲连衣裙
### （一）款式特点分析

长袖休闲连衣裙款式如图5-14所示。此款长袖休闲连衣裙为较合体风格，无领，较贴体落肩袖，后中一条装饰分割线，门襟用一粒暗扣或缉明线进行固定，穿脱方便，整体呈小A造型，更显女性的优雅气质。

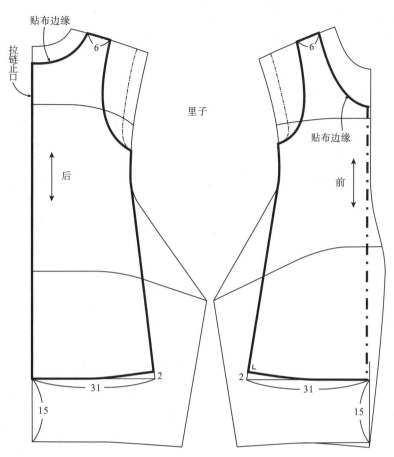

图5-13　短袖连衣裙里布结构图

图5-14　长袖休闲连衣裙款式图

## （二）结构制图

长袖休闲连衣裙结构制图如图5-15、图5-16所示。

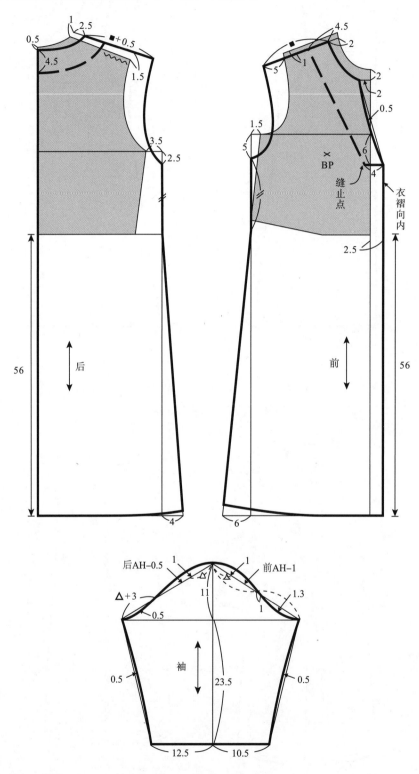

图5-15　长袖休闲连衣裙结构图

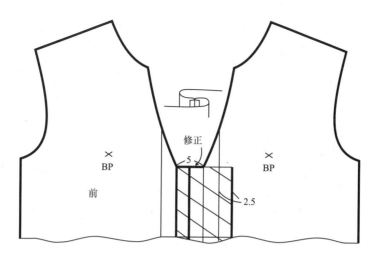

图5-16 长袖休闲连衣裙前中细节图

## 七、初夏开襟外套

### （一）款式特点分析

初夏开襟外套款式如图5-17所示。此款为初夏开襟外套，领部为该款的特色之处，青果领设计，领身、前门襟与下摆处相结合，用一片布连接在一起；下摆与左右侧缝处各有一个褶裥设计，后片为从后中线处分割开来。整体款式新颖时尚，大方又舒适。

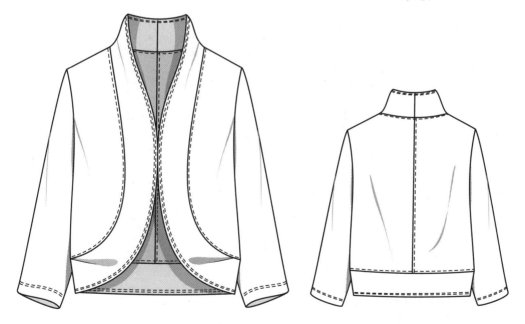

图5-17 初夏开襟外套款式图

### （二）结构制图

衣身及衣袖结构制图如图5-18、图5-19所示。

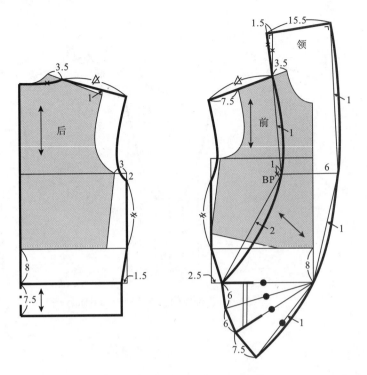

图5-18　初夏开襟外套衣身结构图

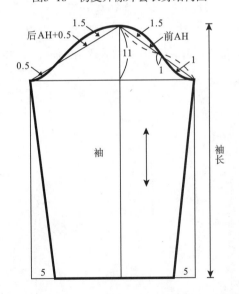

图5-19　初夏开襟外套衣袖结构图

## 八、春季休闲连帽上衣

### （一）款式特点分析

春季休闲连帽上衣款式如图5-20所示。此款为春季休闲连帽上衣，三片式连帽结构，门襟处用拉链连接，穿脱方便且保暖；衣身处有育克设计，经典休闲风格；袖口稍小，起防风作用。整体给人一种休闲运动之感，彰显出热情与活力。

图5-20　春季休闲连帽上衣款式图

## （二）结构制图

春季休闲连帽上衣结构制图如图5-21、图5-22所示。

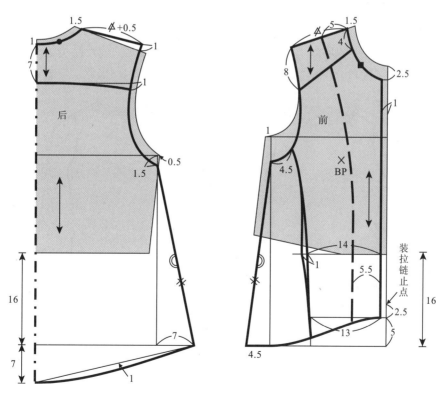

图5-21　春季休闲连帽上衣衣身结构图

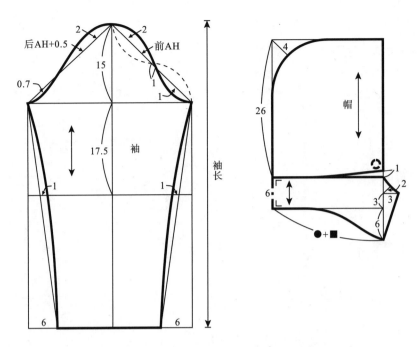

图5-22　春季休闲连帽上衣衣袖和帽子结构图

## 九、秋冬卫衣

### （一）款式特点分析

秋冬卫衣款式如图5-23所示。此款为较宽松秋冬卫衣，圆领，前片贴袋造型独特，后衣身过肩5cm处理；领口，袖口，下摆加罗纹，整体无省无收腰，呈H型风格，穿着宽松舒适。

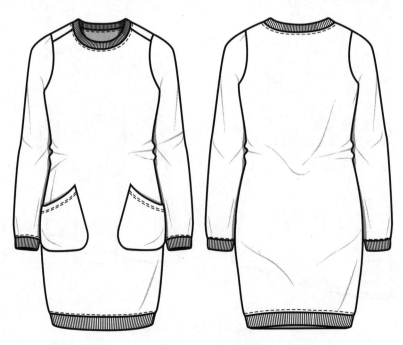

图5-23　秋冬卫衣款式图

## （二）结构制图

秋冬卫衣结构制图如图5-24、图5-25所示。

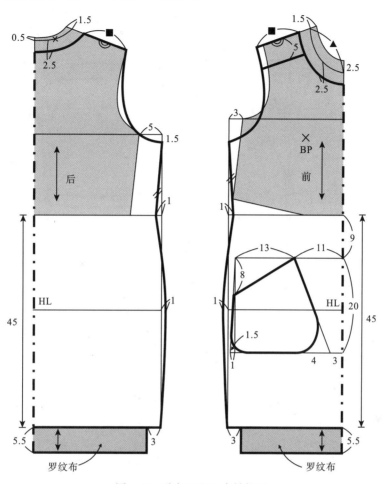

图5-24　秋冬卫衣衣身结构图

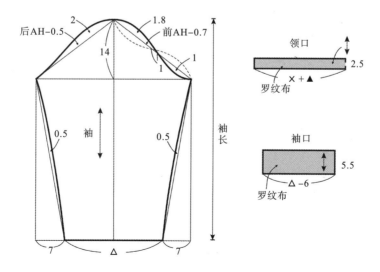

图5-25　秋冬卫衣袖子和其他部件结构图

### 十、青果领秋冬风衣

#### （一）款式特点分析

青果领秋冬风衣款式如图5-26所示。此款为宽松风格的青果领秋冬风衣，袖身较宽松一片袖，无收腰收省设计，门襟处无扣无拉链，在腰间绑带固定衣身，穿脱方便，且造型时尚大方。

图5-26　青果领秋冬风衣款式图

#### （二）结构制图

青果领秋冬风衣结构制图如图5-27、图5-28所示，成衣图如图5-29所示。

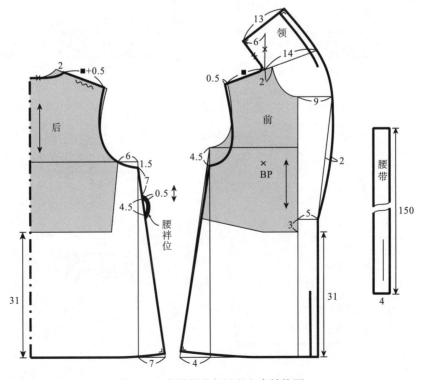

图5-27　青果领秋冬风衣衣身结构图

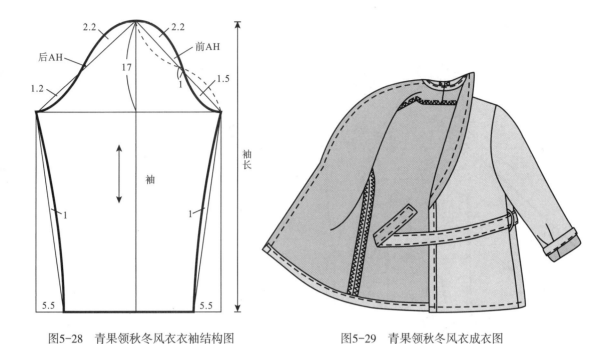

图5-28 青果领秋冬风衣衣袖结构图　　　　图5-29 青果领秋冬风衣成衣图

## 十一、宽松式秋冬短款风衣

### （一）款式特点分析

宽松式秋冬短款风衣款式图如图5-30所示。此款为宽松式秋冬短款风衣，关驳两用领，三排扣，较宽松插肩袖，整体无省无收腰，斜插袋，后片在分割线处有一条21cm的开衩，外部廓型为H型，穿着显时尚大方。

图5-30 宽松式秋冬短款风衣款式图

## （二）结构制图

宽松式秋冬短款风衣结构图如图5-31所示。

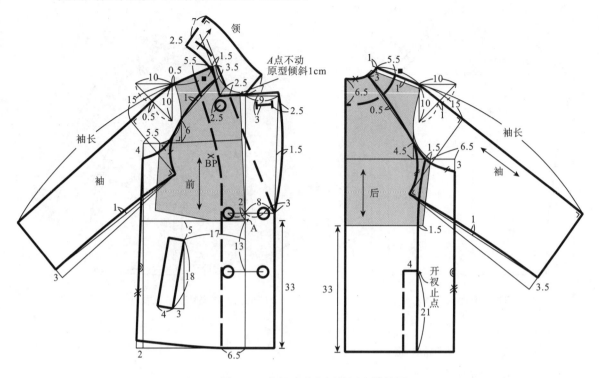

图5-31　宽松式秋冬短款风衣结构图

## 十二、双排扣秋冬风衣

### （一）款式特点分析

双排扣秋冬风衣款式图如图5-32所示。此款为双排扣秋冬风衣，右前片有装饰布；较宽松一片袖，袖口收省处理，侧缝处37cm开衩，整体造型为稍微收腰的A型风格，适合优雅时尚的现代女性。

### （二）结构制图

双排扣秋冬风衣结构制图如图5-33、图5-34所示。

图5-32　双排扣秋冬风衣款式图

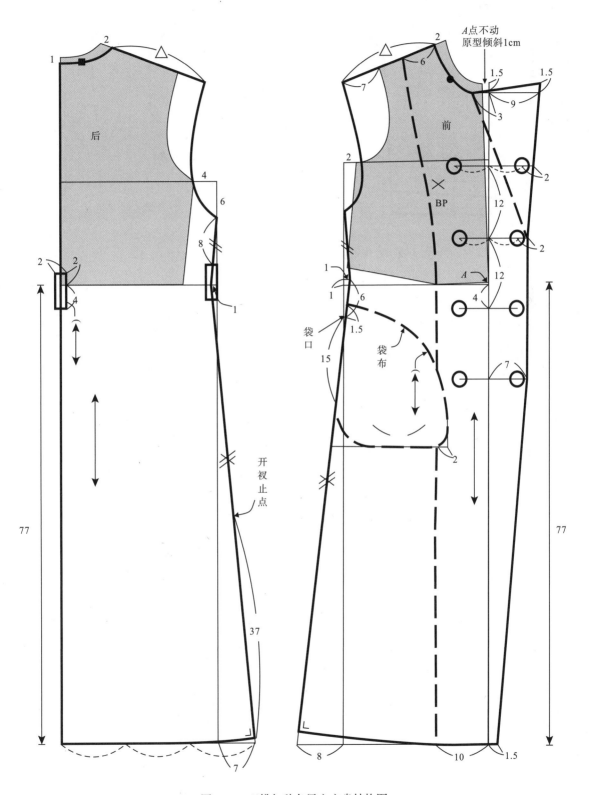

图5-33　双排扣秋冬风衣衣身结构图

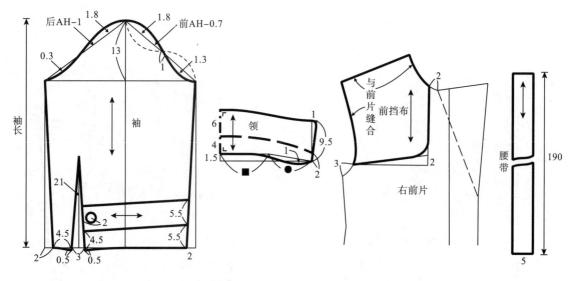

图5-34  双排扣秋冬风衣衣领、衣袖和其他部件结构图

### 十三、连帽单排扣长风衣

#### （一）款式特点分析

连帽单排扣秋冬风衣款式如图5-35所示。此款为连帽单排扣秋冬风衣，前片有贴袋，门襟五粒扣；后片竖向三条分割线，横向胸围线处分割；较合体弯身两片袖，侧缝处35cm开衩，整体造型潇洒时尚。

图5-35  连帽单排扣秋冬风衣款式图

#### （二）结构制图

连帽单排扣长风衣结构制图如图5-36、图5-37所示。

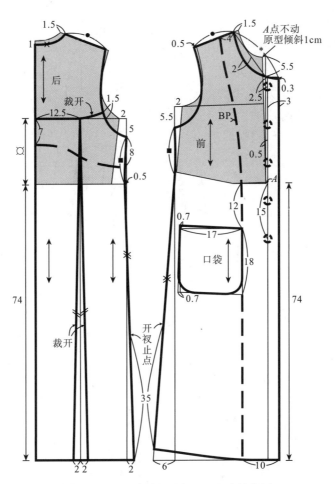

图5-36　连帽单排扣秋冬风衣衣身结构图

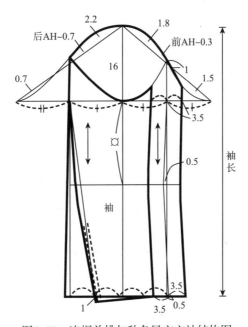

图5-37　连帽单排扣秋冬风衣衣袖结构图

### 十四、宽松连帽大衣

#### （一）款式特点分析

宽松连帽大衣款式如图5-38所示。此款为宽松风格的连帽大衣，肩部拼接，较合体弯身两片袖；斜插袋，无省无收腰，门襟处4粒暗扣，腰节处装饰绑带，整体造型优雅大方，适合不同年龄段的女性穿着。

#### （二）结构制图

宽松连帽大衣结构制图如图5-39、图5-40所示。

图5-38 宽松连帽大衣款式图

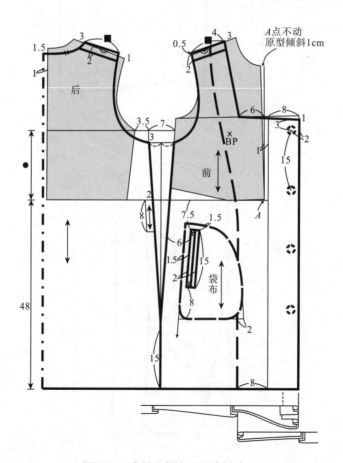

图5-39 宽松连帽大衣衣身结构图

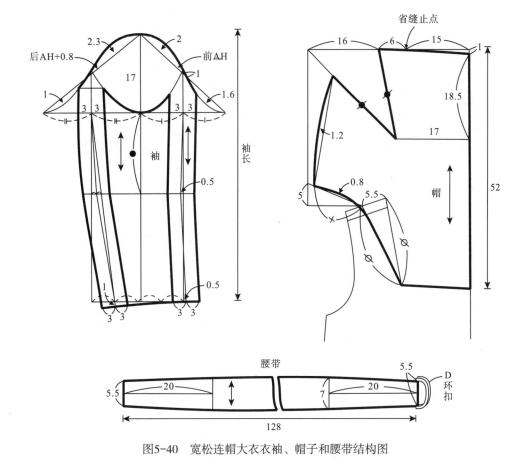

图5-40　宽松连帽大衣衣袖、帽子和腰带结构图

## 十五、秋冬大衣

### （一）款式特点分析

秋冬大衣款式如图5-41所示。此款秋冬大衣下摆宽松，领口周围有一条2cm宽的装饰带；弯身两片袖，斜插袋，门襟五粒扣，左前片衣身有挡布；衣身前片切展开，形成宽松下摆，整体呈A廓型。

### （二）结构制图

秋冬大衣结构制图如图5-42、图5-43所示。

图5-41　秋冬大衣款式图

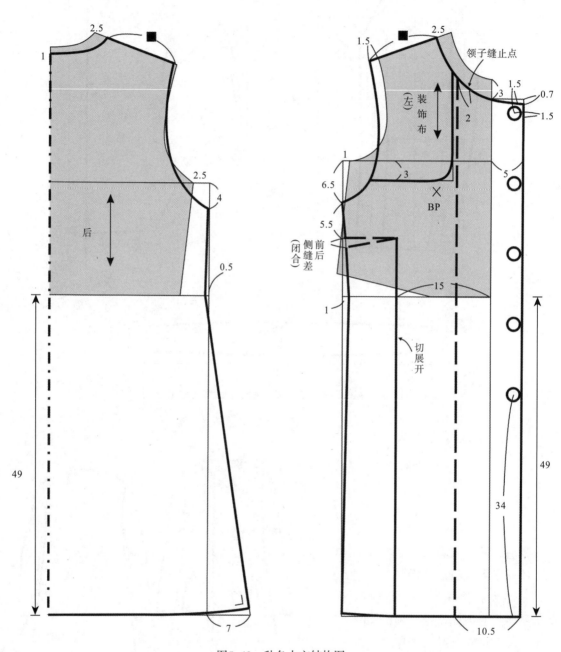

图5-42　秋冬大衣结构图

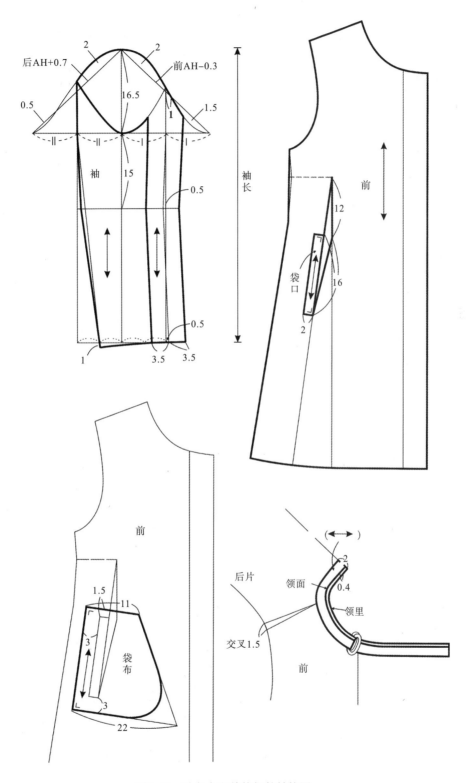

图5-43　秋冬大衣其他部件结构图

# 第二节　新文化式原型整体应用实例

## 一、短袖上衣

### （一）无袖上衣

#### 1. 款式特点分析

无袖上衣款式如图5-44所示。该款无袖上衣为连翻领，领口处呈U型，衣身较为宽松，直腰身，穿着时可搭配腰带，更显修身。此款式可作衬衫。

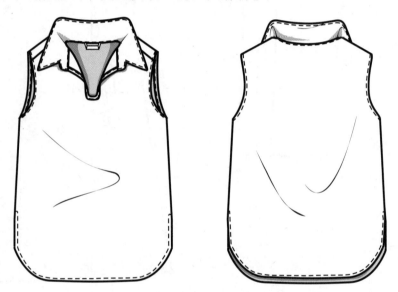

图5-44　无袖上衣款式图

#### 2. 结构制图

无袖上衣结构制图如图5-45、图5-46所示。

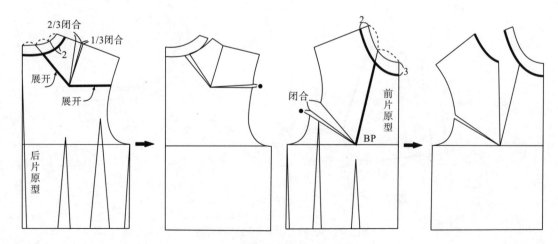

图5-45　原型样板变换

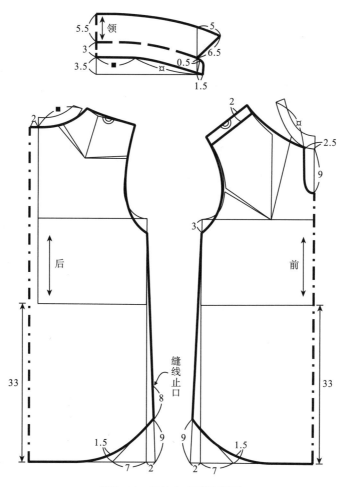

图5-46　无袖上衣结构制图

## （二）基础款T恤

### 1. 款式特点分析

基础款T恤款式图如图5-47所示，此款为春夏季穿着的基础款T恤，连体袖设计，侧缝处开衩，后中领口开衩设计并装拉链。

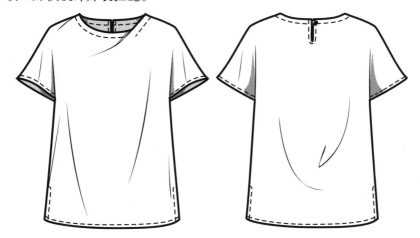

图5-47　基础款T恤款式图

## 2．结构制图

基础款T恤结构制图如图5-48、图5-49所示。

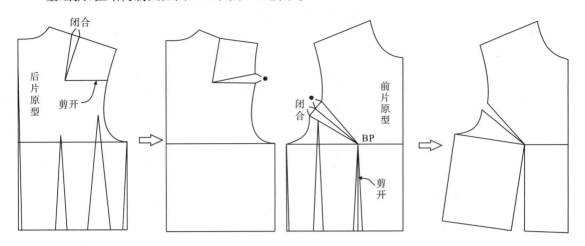

图5-48 原型样板变换

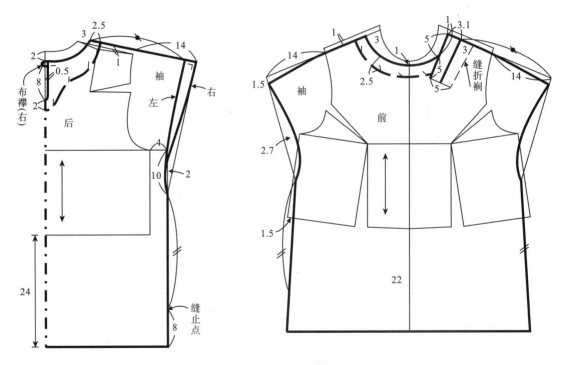

图5-49 基础款T恤结构制图

# 二、长袖上衣

## （一）长袖T恤

### 1．款式特点分析

长袖T恤款式如图5-50所示。该款长袖T恤宽松休闲，领型为V领，后领处可钉扣，前片衣身有胁省，衣片后身有背缝，直腰身，圆弧形底摆。

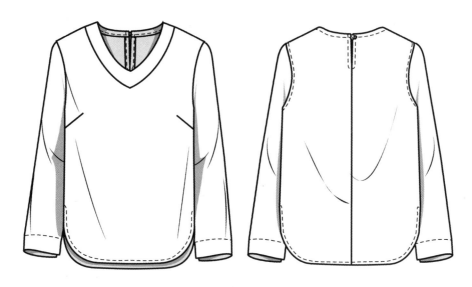

图5-50　长袖T恤款式图

## 2. 结构制图

长袖T恤结构制图如图5-51、图5-52所示。

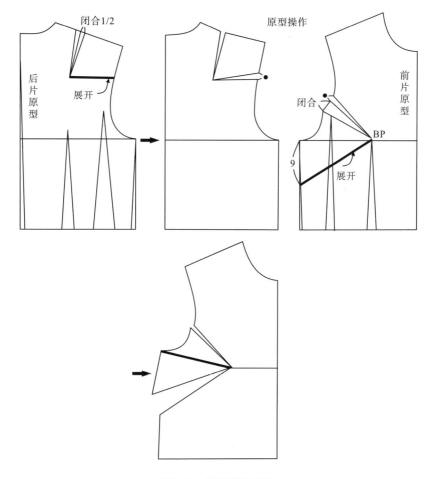

图5-51　原型样板变换

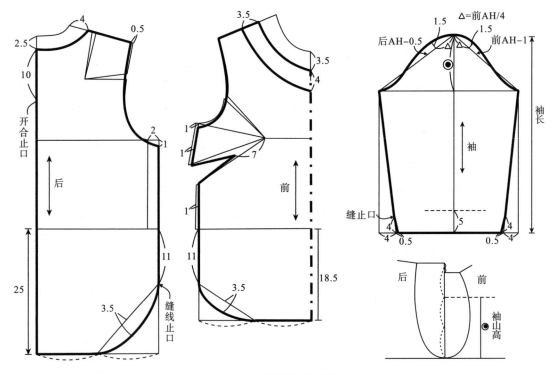

图5-52 长袖T恤结构制图

## （二）九分长袖T恤

### 1. 款式特点分析

如图5-53所示，九分长袖T恤款式宽松休闲，衣片前短后长，下摆呈圆弧形设计，领型为立领，后中装拉链。

### 2. 结构制图

九分长袖T恤结构制图如图5-54～图5-56所示。

图5-53 九分长袖T恤款式图

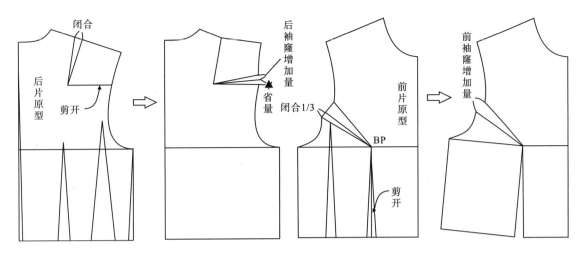

图5-54　原型样板变换

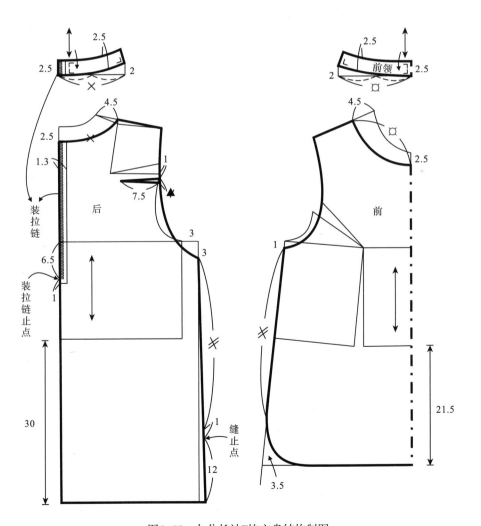

图5-55　九分长袖T恤衣身结构制图

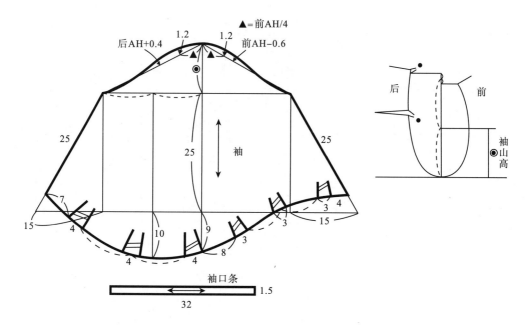

图5-56　九分长袖T恤结构图

## 三、连衣裙

### （一）中袖连衣裙

#### 1. 款式特点分析

如图5-57所示，该款为中袖连衣裙，衣身宽松，款式较为休闲，圆领，后领处可装扣，袖口处开衩设计。

图5-57　中袖连衣裙款式图

## 2. 结构制图

中袖连衣裙结构制图如图5-58～图5-60所示。

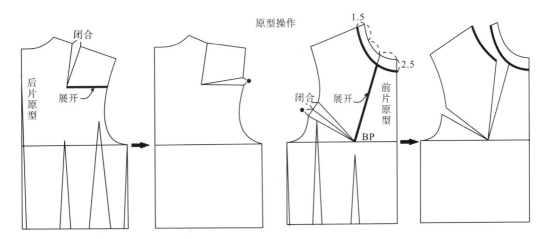

图5-58　原型样板变换

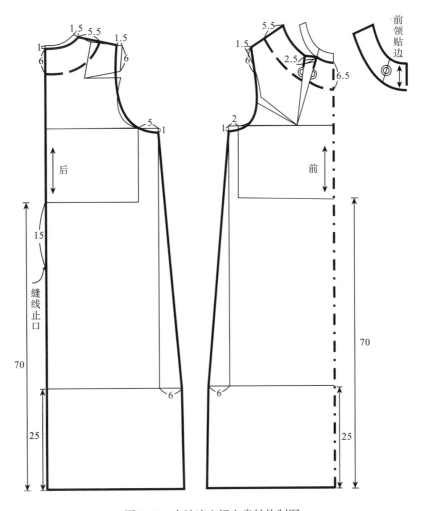

图5-59　中袖连衣裙衣身结构制图

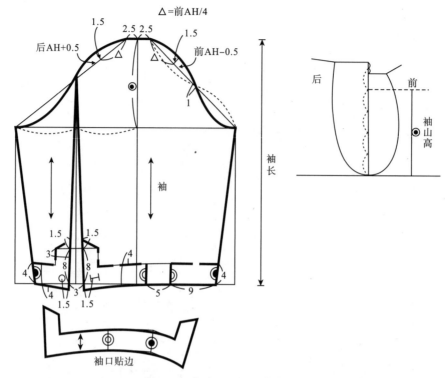

图5-60　中袖连衣裙衣袖结构图

## （二）短袖连衣裙

### 1. 款式特点分析

如图5-61所示，此款为夏季穿着的短袖连衣裙。款式特征是整体呈A型，褶皱领，袖子为连体袖。

图5-61　短袖连衣裙款式图

## 2. 结构制图

短袖连衣裙结构制图如图5-62～图5-64所示。

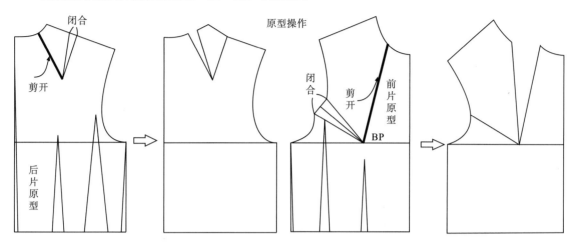

图5-62　原型样板变换

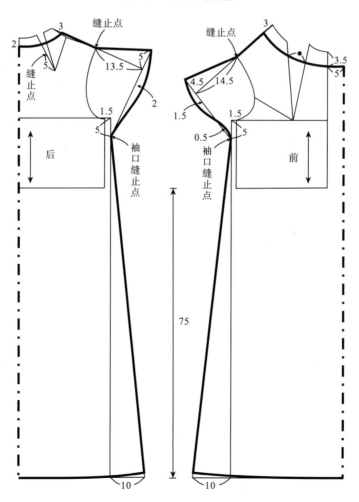

图5-63　短袖连衣裙结构制图

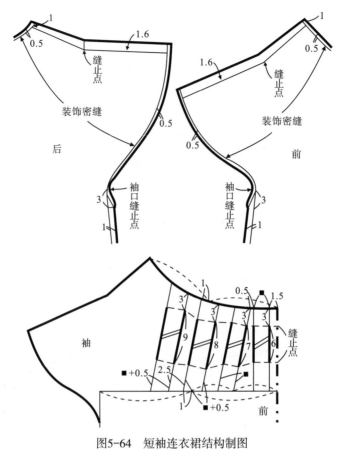

图5-64 短袖连衣裙结构制图

## 四、春秋正装

### （一）偏襟正装

#### 1. 款式特点分析

如图5-65所示，该款偏襟正装上衣，斜襟三粒扣设计，翻领，圆弧形下摆，半圆形贴袋装饰，后背有背缝线，并设有公主线，两片袖。整体风格较为优雅、修身。

图5-65 偏襟正装款式图

## 2. 结构制图

偏襟正装结构制图如图5-66~图5-68所示。

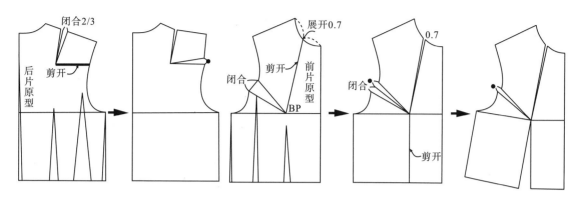

图5-66 原型样板变换

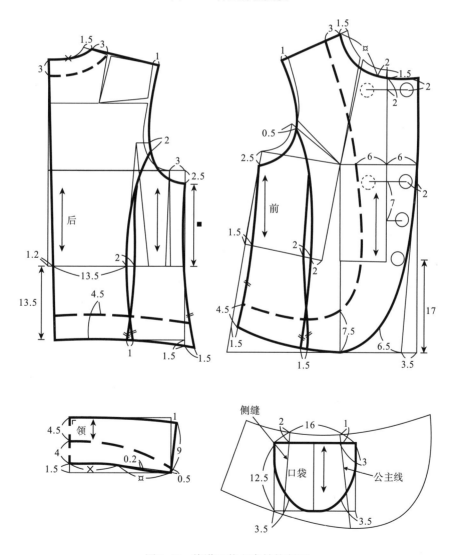

图5-67 偏襟正装衣身结构制图

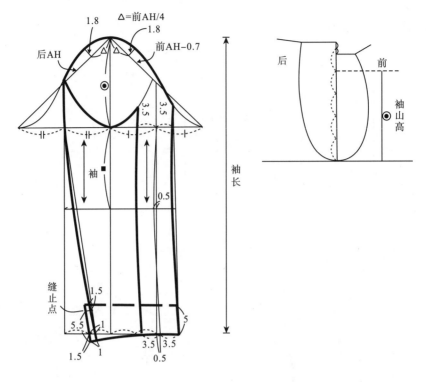

图5-68　偏襟正装衣袖结构制图

## （二）圆领正装

### 1. 款式特点分析

如图5-69所示，该款为圆领正装，四粒扣设计，圆弧形下摆，挖袋，前后设有袖窿公主线，后背破缝，两片袖。整体风格较为优雅、修身，适合春季服装。

图5-69　圆领正装款式图

## 2．结构制图

圆领正装结构制图如图5-70～图5-72所示。

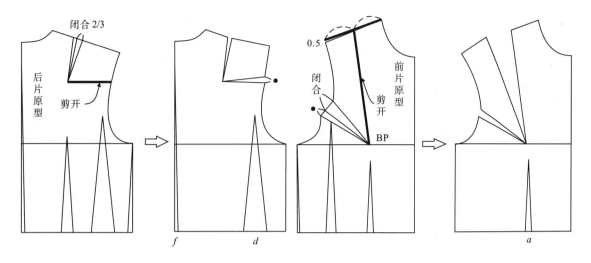

图5-70　原型样板变换

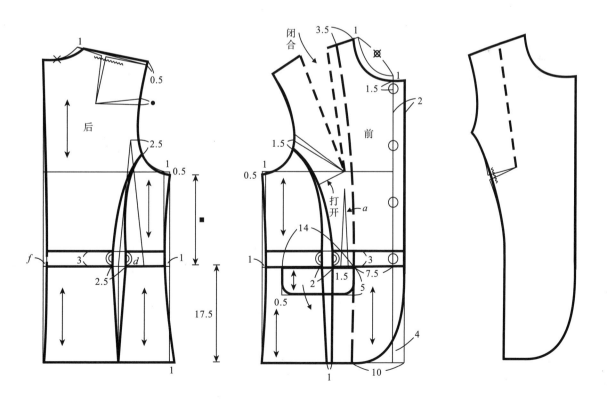

图5-71　圆领正装衣身结构制图

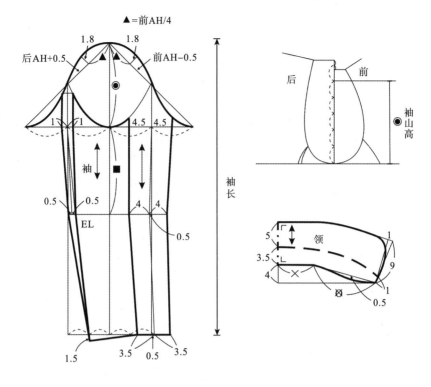

图5-72 圆领正装衣袖、衣领结构制图

## 五、休闲装

### （一）休闲外套

#### 1. 款式特点分析

如图5-73所示，该款休闲外套较为宽松，无领，门襟上方设有三粒扣，方形贴袋设计。袖子为宽松直长袖。

图5-73 休闲外套款式图

## 2. 休闲外套结构制图

休闲外套结构制图如图5-74～图5-76所示。

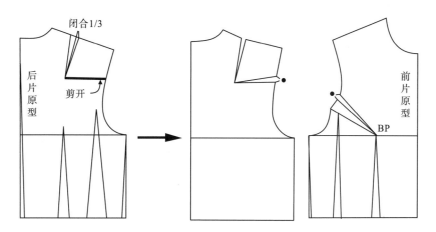

图5-74　原型样板变换

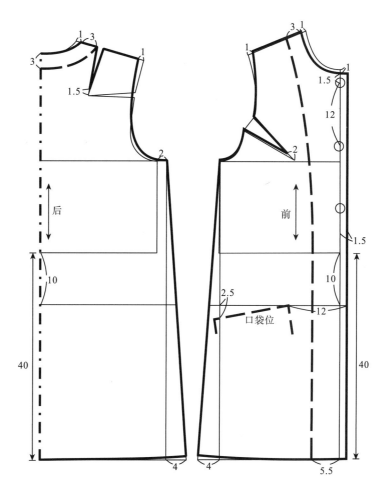

图5-75　休闲外套衣身结构制图

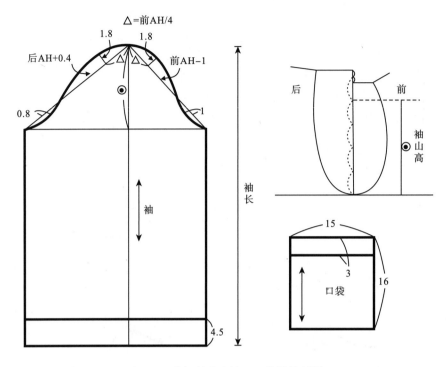

图5-76　休闲外套衣袖、口袋结构制图

### （二）登翻领休闲外套

#### 1. 款式特点分析

如图5-77所示，该款登翻领休闲外套，领外口线为直线，装领点不在前中心线上，左右闭合后形成重叠的效果，适用于秋冬季服装，袖口、袖山处设有褶皱。

图5-77　登翻领休闲外套款式图

## 2. 结构制图

登翻领休闲外套结构制图如图5-78～图5-80所示。

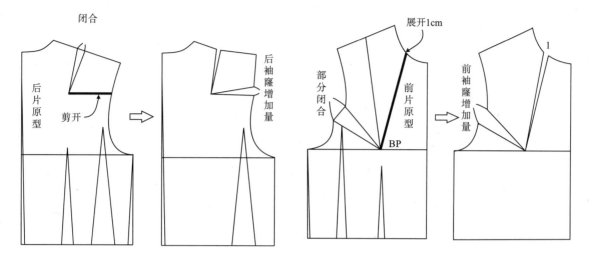

图5-78 原型样板变换

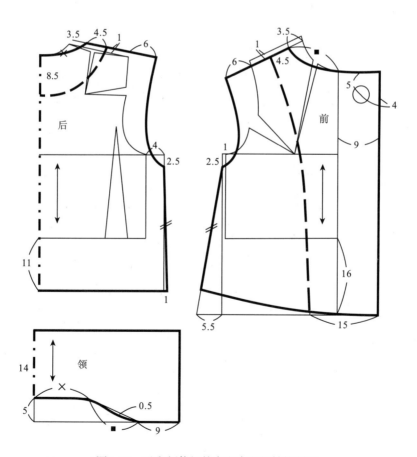

图5-79 登翻领休闲外套衣身衣领结构制图

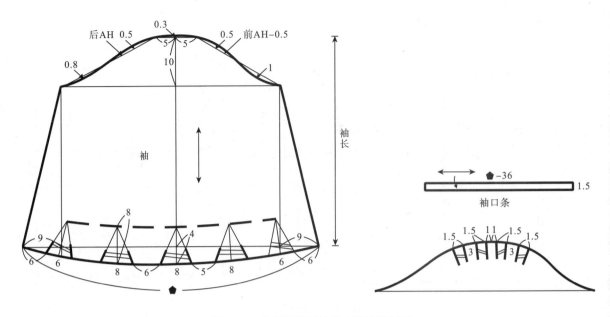

图5-80　登翻领休闲外套衣袖结构制图

## 六、风衣

### （一）中款风衣

#### 1. 款式特点分析

如图5-81所示，该款风衣为中款，长度在臀部左右，领型为翻折领，长袖，门襟三粒扣，衣身左右两侧胁省设计，并装有口袋。

图5-81　中款风衣款式图

## 2. 结构制图

中款风衣结构制图如图5-82～图5-84所示。

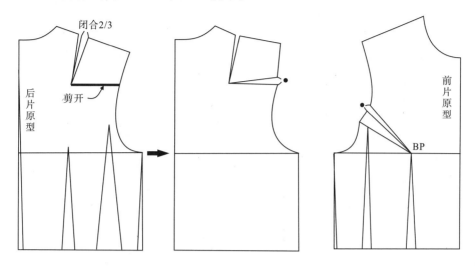

图5-82　原型样板变换

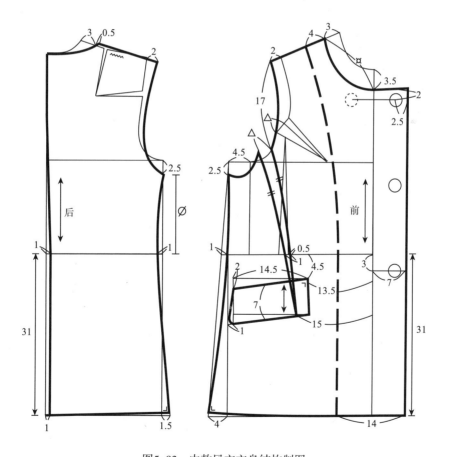

图5-83　中款风衣衣身结构制图

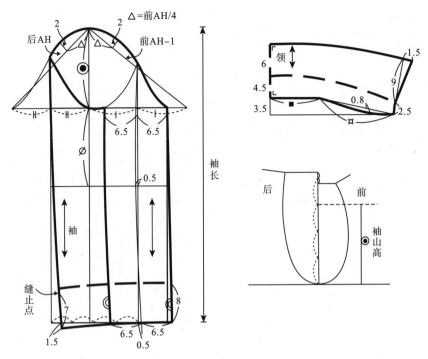

图5-84 中款风衣衣领衣袖结构制图

## （二）翻驳领系带风衣

### 1. 款式特点分析

如图5-85所示，该款为翻驳领系带休闲风衣，款式特征是整体呈小A型，插肩袖设计，后中下摆上方开衩。

图5-85 翻驳领系带风衣款式图

2. **结构制图**

翻驳领系带风衣结构制图如图5-86~图5-88所示。

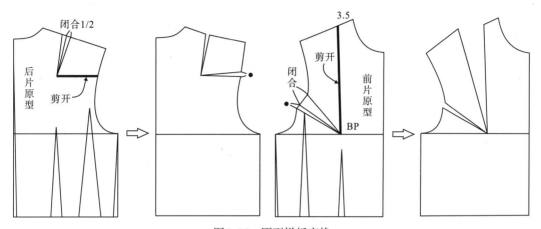

图5-86 原型样板变换

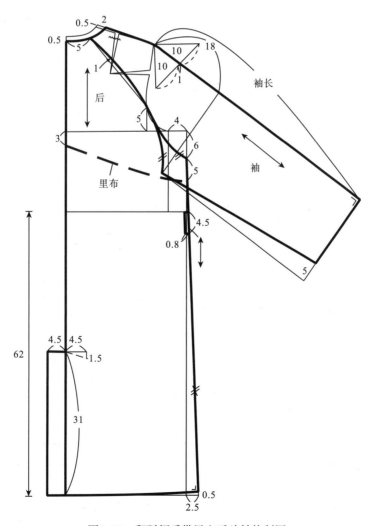

图5-87 翻驳领系带风衣后片结构制图

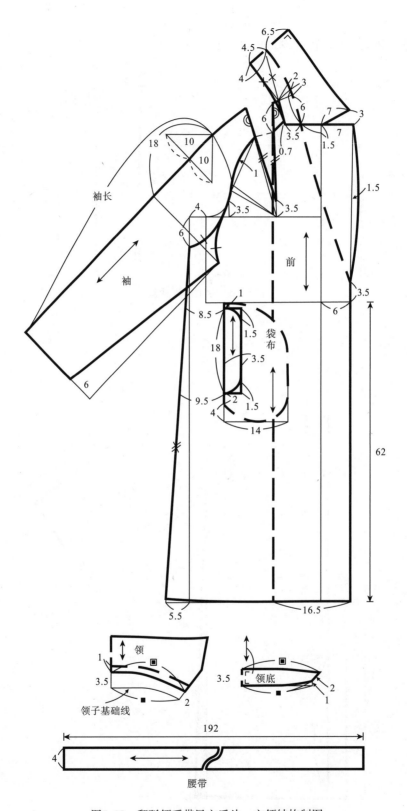

图5-88　翻驳领系带风衣后片、衣领结构制图

## 七、大衣

### （一）大波浪领大衣款式特点分析

如图5-89所示，该款为大波浪领大衣，款式特征是整体呈H型，前领形成一个大的波浪，敞开式门襟设计。

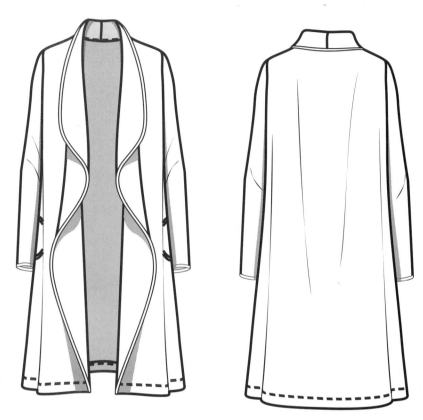

图5-89　大波浪领大衣款式图

### （二）大波浪领大衣结构制图

大波浪领大衣结构制图如图5-90 ~ 图5-92所示。

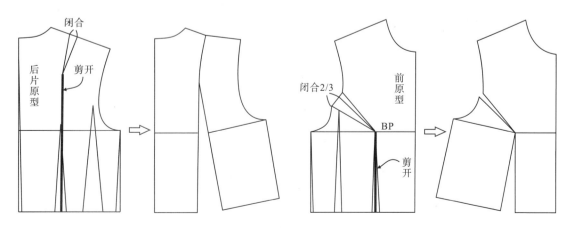

图5-90　原型样板变换

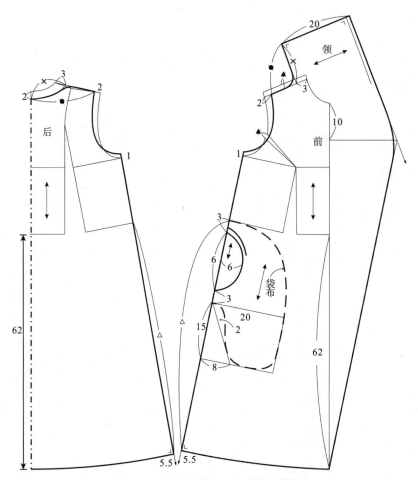

图5-91 大波浪领大衣衣身结构制图

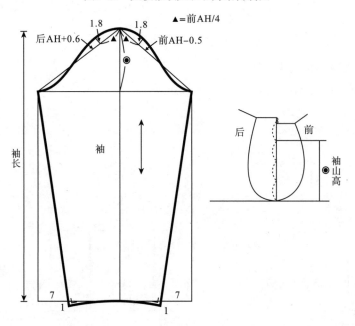

图5-92 大波浪领大衣衣袖结构图

## 第三节 登丽美式原型整体应用实例

### 一、短袖T恤
#### （一）短袖T恤
##### 1. 款式特点分析

如图5-93所示，此款为夏季短袖T恤，圆领设计，袖子不同于常规短袖，露出腋下，比较凉爽，衣身宽松，休闲舒适。

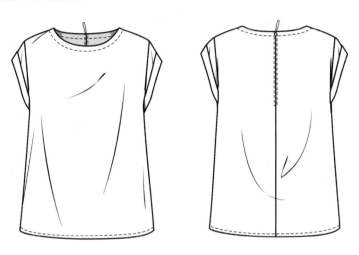

图5-93 短袖T恤款式图

##### 2. 结构制图

短袖T恤结构制图如图5-94所示。

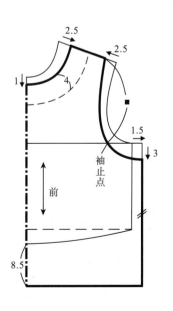
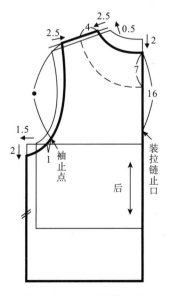
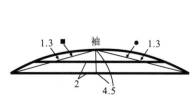

图5-94 短袖T恤结构制图

### （二）短袖上衣

#### 1. 款式特点分析

如图5-95所示，该款短袖上衣，圆领，短款喇叭袖，衣身腰部以下两侧抽绳装饰，形成自然褶皱。此款式的服装可用弹性针织面料制作，整体风格较为修身优美。

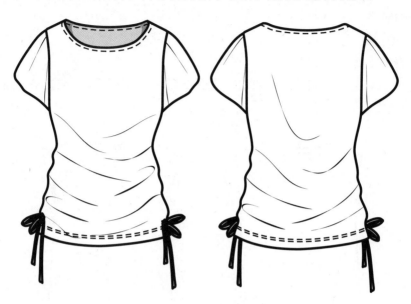

图5-95　短袖上衣款式图

#### 2. 结构制图

短袖上衣结构制图如图5-96所示。

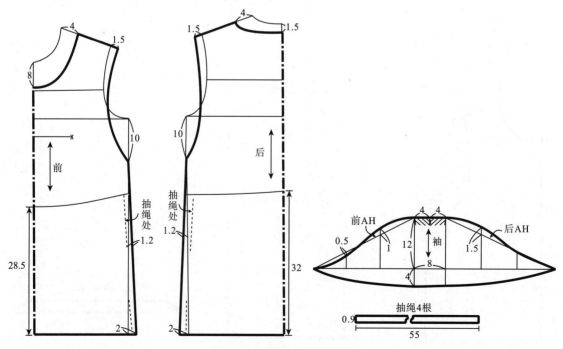

图5-96　短袖上衣结构制图

## 二、长袖上衣

### （一）长袖衬衫

#### 1. 款式特点分析

如图5-97所示，此款为长袖衬衫，衬衫领，五粒纽扣，袖口开衩设计，腰部收省，肩部有过肩设计，经典百搭，修身显瘦。

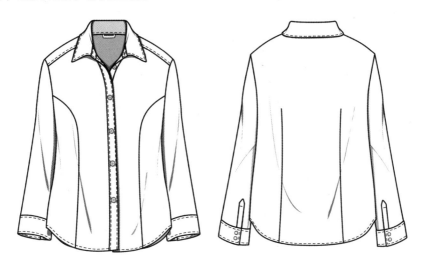

图5-97　长袖衬衫款式图

#### 2. 结构制图

长袖衬衫结构制图如图5-98、图5-99所示。

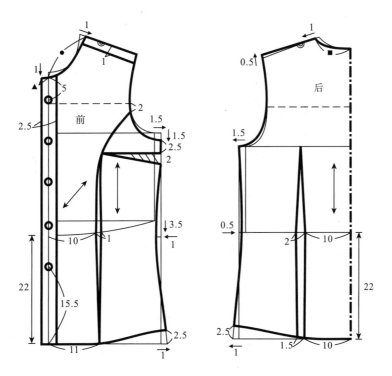

图5-98　长袖衬衫衣身结构制图

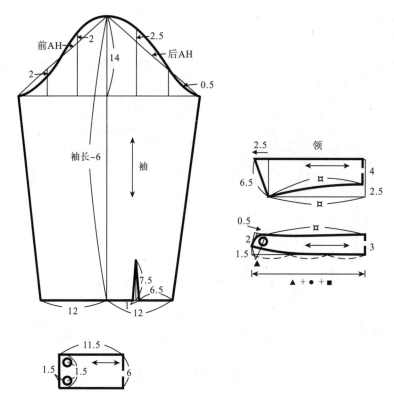

图5-99　长袖衬衫衣领、衣袖结构制图

## （二）V形领长袖打底衫

### 1. 款式特点分析

如图5-100所示，此款为V形领长袖打底衫，领口镶拼别布，胸部下方分割设计。

图5-100　V形领长袖打底衫款式图

## 2．结构制图

V形领长袖打底衫结构制图如图5-101、图5-102所示。

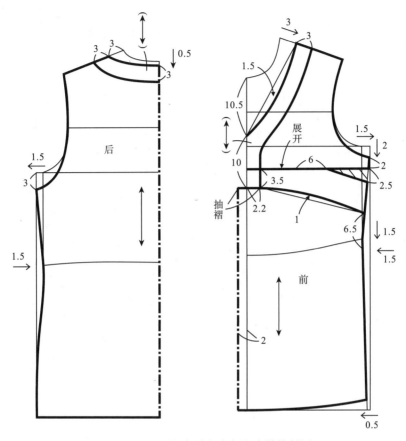

图5-101　V形领长袖打底衫衣身结构制图

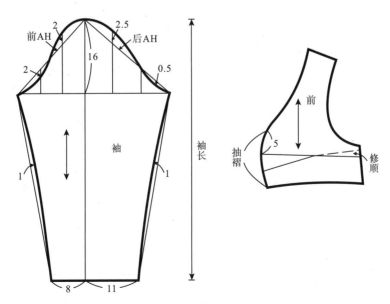

图5-102　V形领长袖打底衫衣袖结构制图

### 三、连衣裙

#### （一）中长款连衣裙

##### 1. 款式特点分析

如图5-103所示，此款为中长款连衣裙，腰部收省，较为修身。风格端庄大方，适合秋冬打底或者外穿。

图5-103　中长款连衣裙款式图

##### 2. 结构制图

中长款连衣裙结构制图如图5-104、图5-105所示。

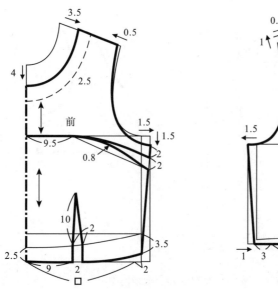

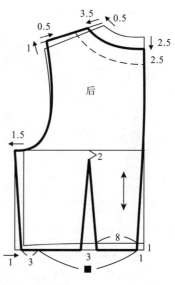

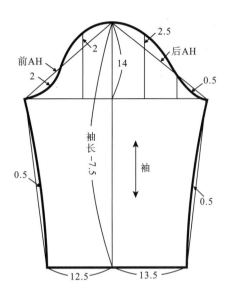

图5-104　中长款连衣裙衣身、衣袖结构制图

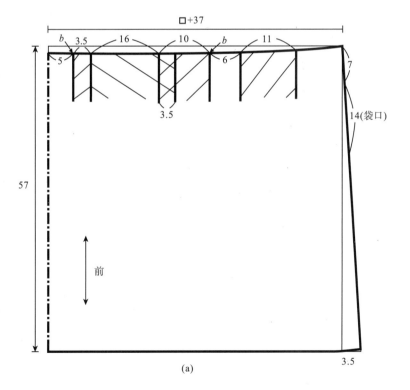

(a)

图5-105

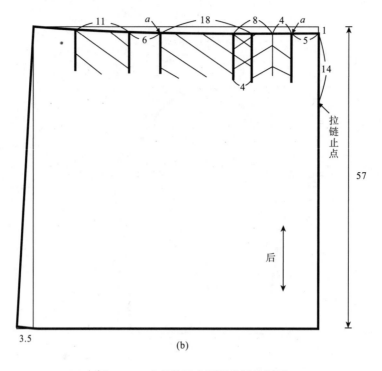

图5-105　中长款连衣裙裙身结构制图

## （二）七分袖连衣裙

### 1. 款式特点分析

如图5-106所示，此款为七分袖连衣裙，圆领设计，板型简约大气，腰部系带，袖子为七分袖，适合春夏外穿。搭配高跟鞋，知性而优雅。

图5-106　七分袖连衣裙款式图

## 2. 结构制图

七分袖连衣裙结构制图如图5-107、图5-108所示。

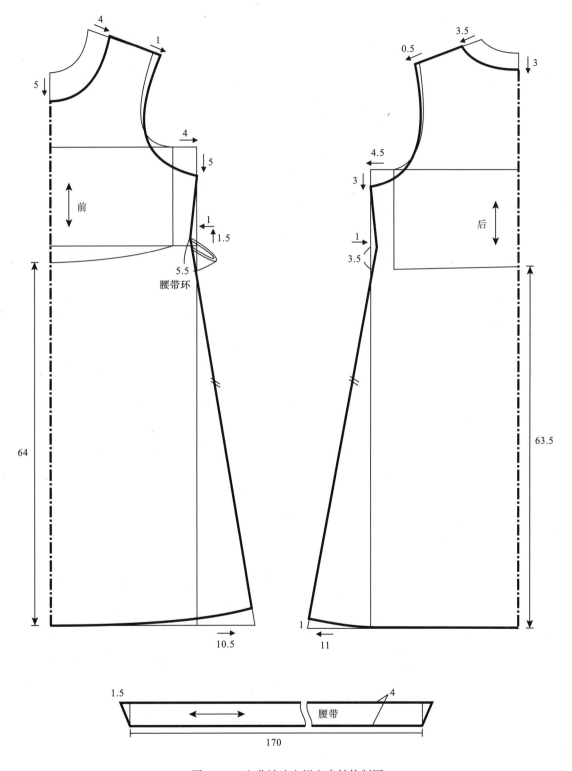

图5-107　七分袖连衣裙衣身结构制图

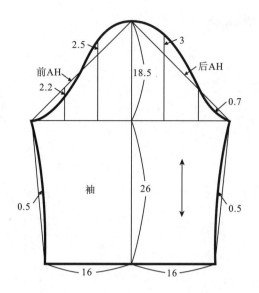

图5-108  七分袖连衣裙衣袖结构制图

## 四、春秋正装

### （一）娃娃领正装

**1. 款式特点分析**

如图5-109所示，此款为娃娃领小西装，收腰设计，显人高挑，单排扣设计。款式大方，易于搭配。

图5-109  娃娃领正装款式图

**2. 结构制图**

娃娃领正装结构制图如图5-110、图5-111所示。

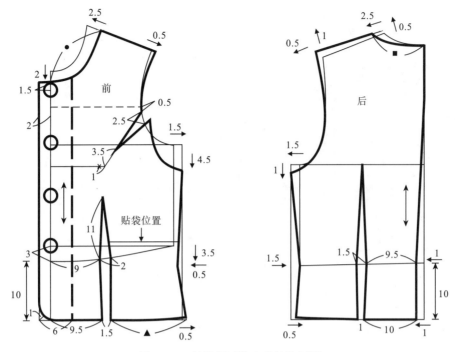

图5-110　娃娃领正装衣身结构制图

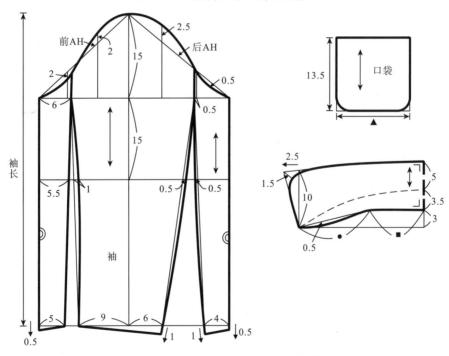

图5-111　娃娃领正装衣领、衣袖结构制图

## （二）公主线女西服

### 1. 款式特点分析

如图5-112所示，该款女西服为合体型风格，袖窿公主线分割设计，平驳领，两粒扣，衣身两边各有一个口袋，缉明线装饰设计。

图5-112　公主线女西服款式图

## 2. 结构制图

公主线女西服结构制图如图5-113、图5-114所示。

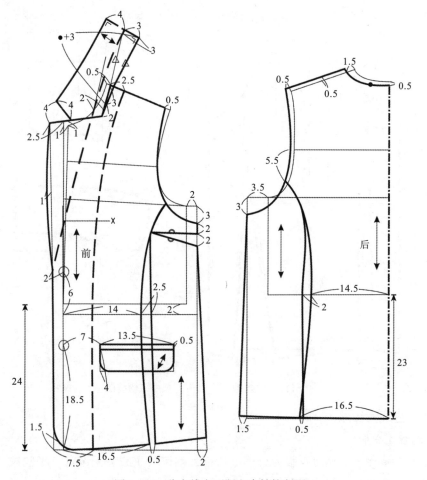

图5-113　公主线女西服衣身结构制图

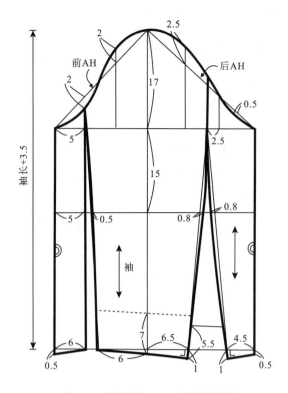

图5-114 公主线女西服衣袖结构制图

## 五、休闲装

### （一）开襟休闲外套

#### 1. 款式特点分析

如图5-115所示，此款为春秋长款休闲外套，直筒板型设计，开襟，无扣。整体风格简约利落，休闲舒适。

图5-115 开襟休闲外套款式图

## 2. 结构制图

开襟休闲外套结构制图如图5-116、图5-117所示。

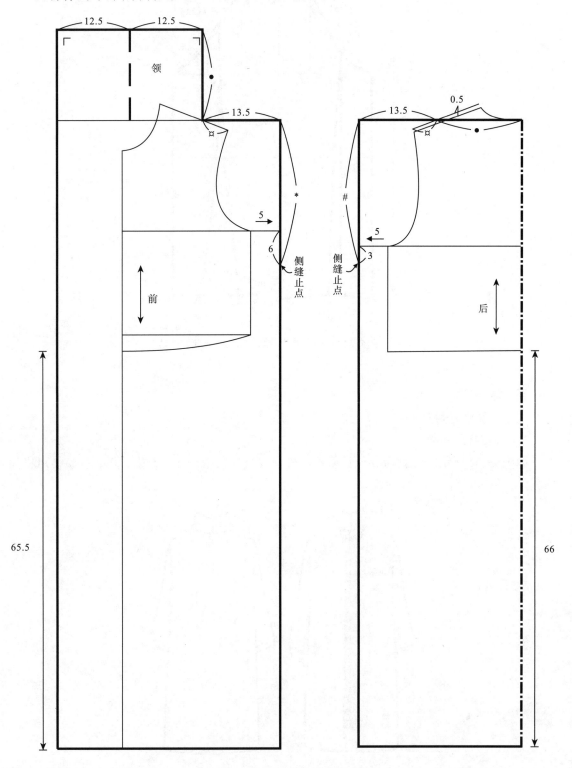

图5-116　开襟休闲外套衣身结构制图

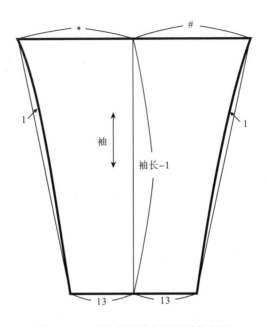

图5-117　开襟休闲外套衣袖结构制图

## （二）开襟休闲风衣

### 1. 款式特点分析

如图5-118所示，此款为宽松型长款休闲风衣。款式特征是前开襟镶拼别布，敞开式门襟，前片贴袋设计。

图5-118　开襟休闲风衣款式图

## 2. 结构制图

开襟休闲风衣结构制图如图5-119、图5-120所示。

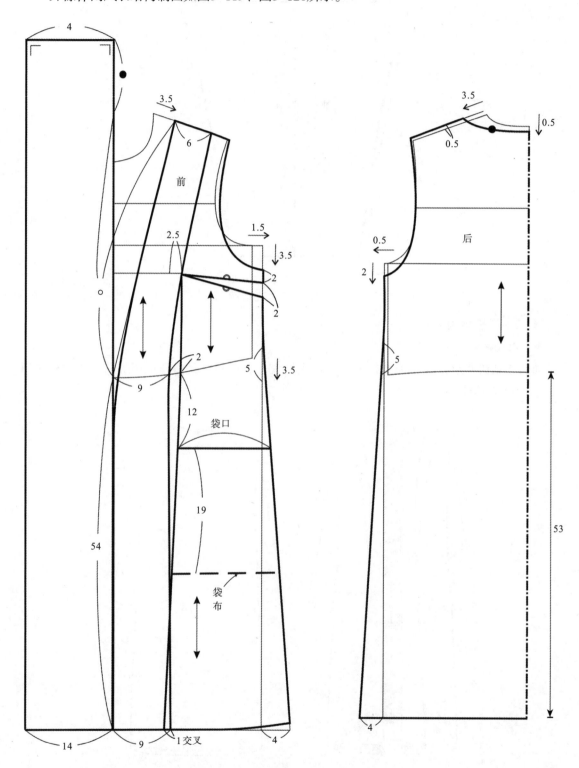

图5-119　开襟休闲风衣衣身结构制图

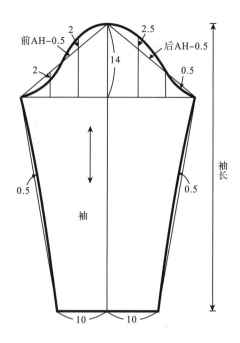

图5-120 开襟休闲风衣衣袖结构制图

## 六、风衣

### （一）娃娃领中长款风衣

**1. 款式特点分析**

如图5-121所示，此款为中长款秋冬大衣，衣身版型简单利落，领部采用娃娃领设计，整体风格时髦复古，沉稳干练。

图5-121 娃娃领中长款风衣款式图

## 2. 结构制图

娃娃领中长款风衣结构制图如图5-122、图5-123所示。

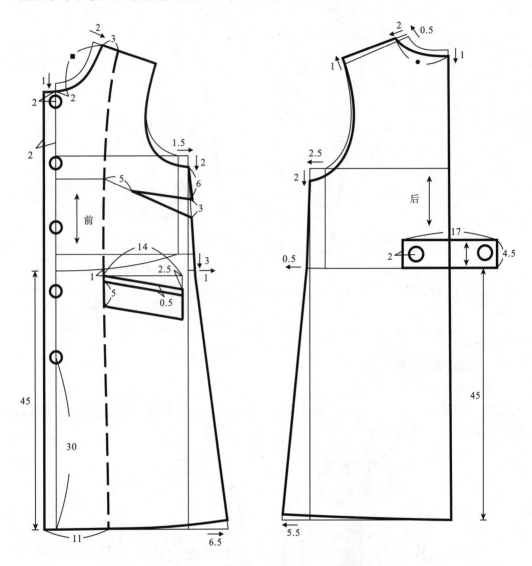

图5-122　娃娃领中长款风衣衣身结构制图

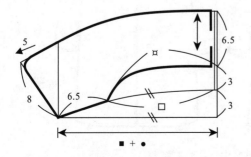
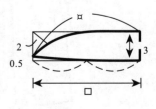

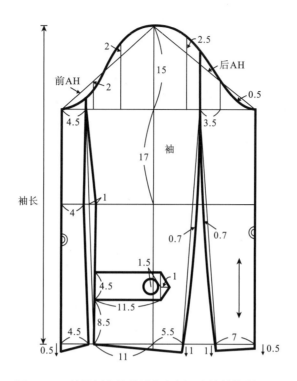

图5-123 娃娃领中长款风衣衣领、衣袖结构制图

### （二）长款风衣

#### 1. 款式特点分析

如图5-124所示，此款为秋冬长款风衣，板型优雅，修身显瘦。时尚翻领设计，衬托脸型，凸显气质，腰部有对称斜插袋设计，美观又实用。

图5-124 长款风衣款式图

## 2. 结构制图

长款风衣结构制图如图5-125、图5-126所示。

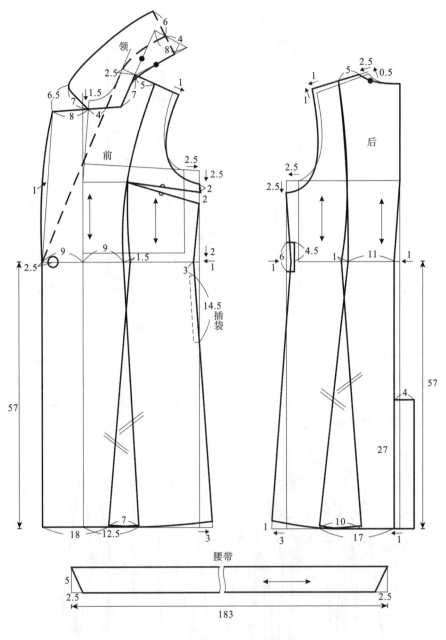

图5-125 长款风衣衣身结构制图

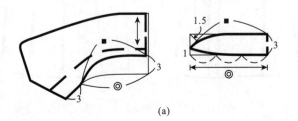

(a)

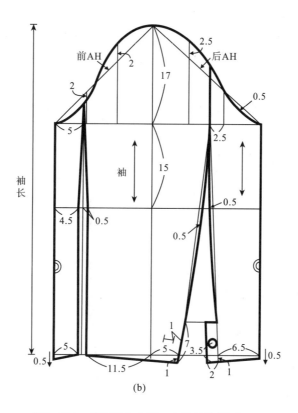

图5-126　长款风衣衣领、衣袖结构制图

## 七、大衣

### （一）连帽大衣

#### 1. 款式特点分析

如图5-127所示，此款为秋冬中长款连帽大衣，帽子以及衣身两侧插袋设计舒适又保暖，整体风格休闲简约，轮廓宽松显瘦，经典时尚。

图5-127　连帽大衣款式图

## 2. 结构制图

连帽大衣结构制图如图5-128、图5-129所示。

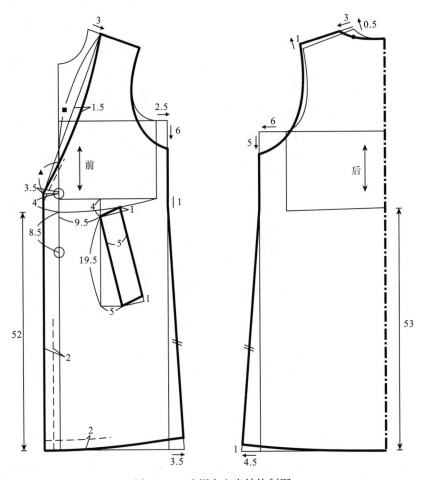

图5-128　连帽大衣身结构制图

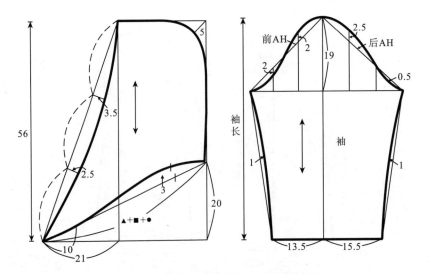

图5-129　连帽大衣帽子和衣袖结构制图

## （二）立驳领长款大衣

### 1. 款式特点分析

如图5-130所示，该款大衣，宽型立驳领，长款，衣身呈A廓型，双排两粒扣，直插袋设计，长袖，袖口有开衩设计。

### 2. 结构制图

立驳领长款大衣结构制图如图5-131、图5-132所示。

图5-130　立驳领长款大衣款式图

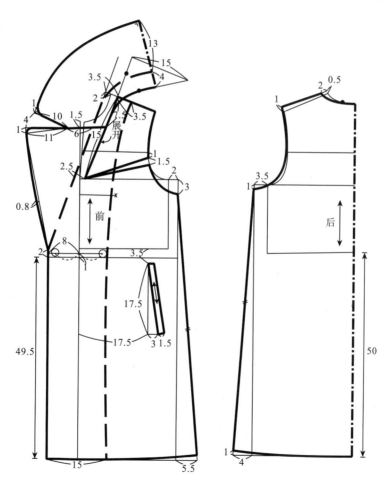

图5-131　立驳领长款大衣衣身结构制图

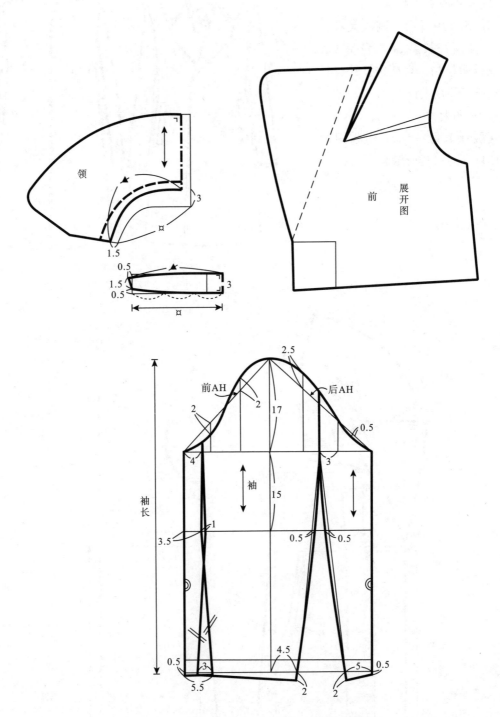

图5-132　立驳领长款大衣衣领、衣袖结构制图

# 第四节　裙子原型整体应用实例

## 一、圆裙
### （一）不规则下摆圆裙
#### 1. 款式特点分析

如图5-133所示，该裙为360°的圆裙，底摆不规则，腰间抽褶，侧缝装拉链。

#### 2. 面布结构制图

不规则下摆圆裙面布结构制图如图5-134所示。

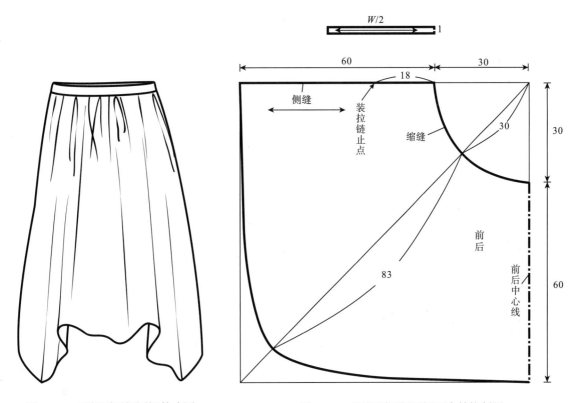

图5-133　不规则下摆圆裙款式图　　　　图5-134　不规则下摆圆裙面布结构制图

#### 3. 里布结构制图

不规则下摆圆裙里布结构制图如图5-135所示。

### （二）多褶圆裙
#### 1. 款式特点分析

如图5-136所示，该款圆裙前片为180°，后片为90°，腰间抽褶，侧缝装拉链。

#### 2. 结构制图

多褶圆裙结构制图如图5-137所示。

图5-135　不规则下摆圆裙里布结构制图

图5-136　多褶圆裙款式图

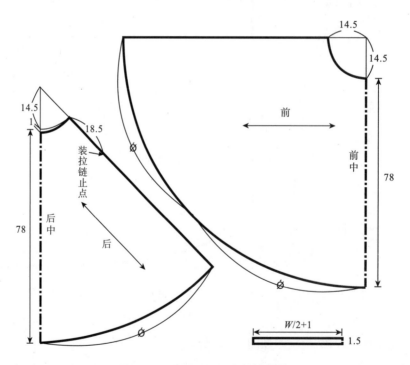

图5-137　多褶圆裙面布结构制图

### 3. 里布结构制图

里布结构制图如图5-138所示。

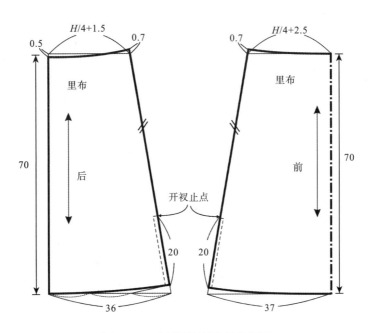

图5-138　多褶圆裙里布结构制图

## 二、小A裙

### （一）低腰小A裙

#### 1. 款式特点分析

如图5-139所示，该款为低腰小A裙。

图5-139　低腰小A裙款式图

#### 2. 结构制图

低腰小A裙结构制图如图5-140所示。

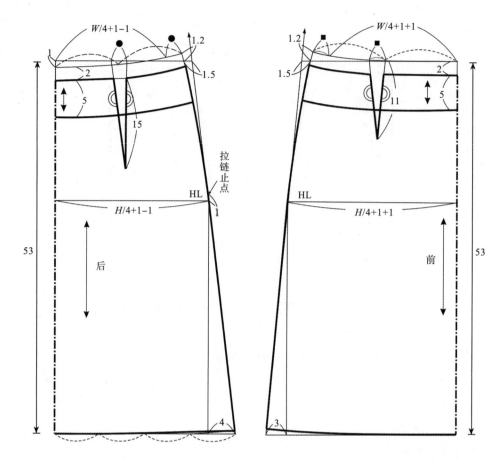

图5-140　低腰小A裙结构制图

## （二）斜插袋后开衩小A裙

### 1. 款式特点分析

如图5-141所示，该款为斜插袋后开衩小A裙。

图5-141　斜插袋后开衩小A裙款式图

## 2. 结构制图

斜插袋后开衩小A裙结构制图如图5-142所示。

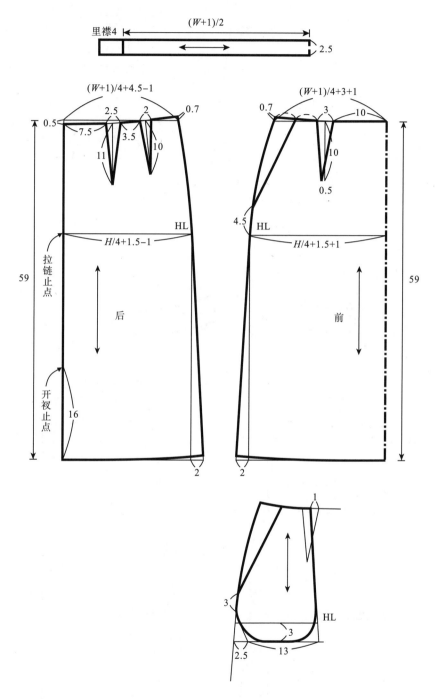

图5-142　斜插袋后开衩小A裙结构制图

## （三）分节小A裙

### 1. 款式特点分析

如图5-143所示，该款为分节小A裙，后装拉链。

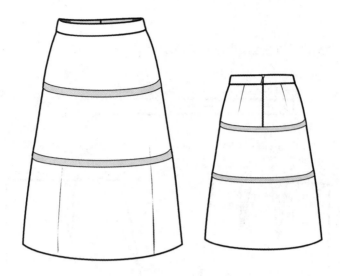

图5-143　分节小A裙款式图

## 2. 结构制图

分节小A裙结构制图如图5-144所示。

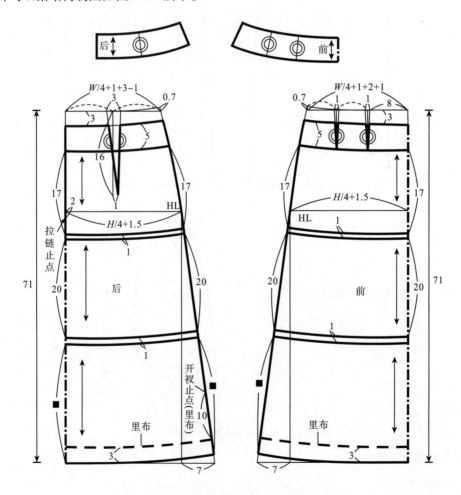

图5-144　分节小A裙结构制图

## 三、多片裙

### （一）六片喇叭裙

#### 1. 款式特点分析

如图5-145所示，该裙为六片喇叭裙，侧缝装拉链。

图5-145 六片喇叭裙款式图

#### 2. 结构制图

六片喇叭裙结构制图如图5-146所示。

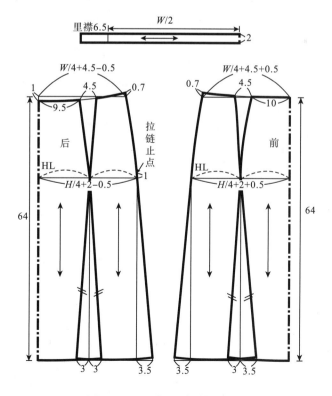

图5-146 六片喇叭裙结构制图

### （二）不规则分割多片裙

#### 1. 款式特点分析

如图5-147所示，该款半裙采用不规则分割设计，底侧摆展开，形成波浪。

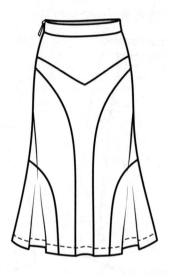

图5-147　不规则分割多片裙款式图

#### 2. 结构制图

不规则分割多片裙结构制图如图5-148所示。

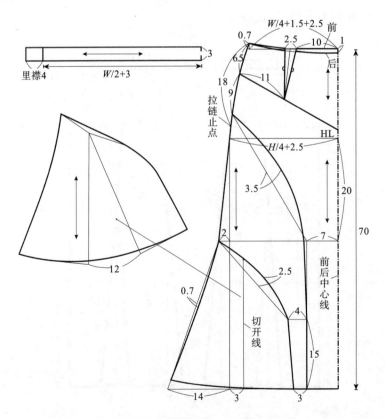

图5-148　不规则分割多片裙结构制图

## 四、荷叶边裙

### （一）三层荷叶边裙

#### 1. 款式特点分析

如图5-149所示，该裙底边为三层荷叶边，侧缝处装拉链。

图5-149　三层荷叶边裙款式图

#### 2. 结构制图

三层荷叶边裙结构制图如图5-150所示。

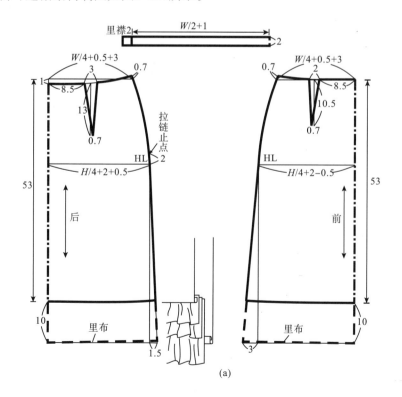

(a)

图5-150

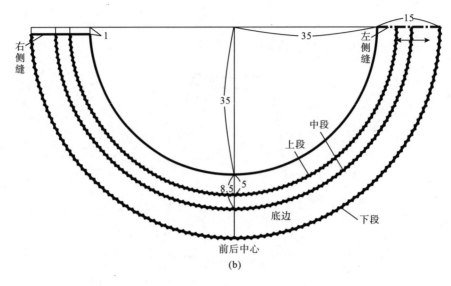

(b)

图5-150　三层荷叶边裙结构制图

## （二）六片单层荷叶边裙

### 1. 款式特点分析

如图5-151所示，该款为六片单层荷叶边裙，前后各三片，后中缝装拉链。

图5-151　六片单层荷叶边裙款式图

### 2. 结构制图

六片单层荷叶边裙结构制图如图5-152所示。

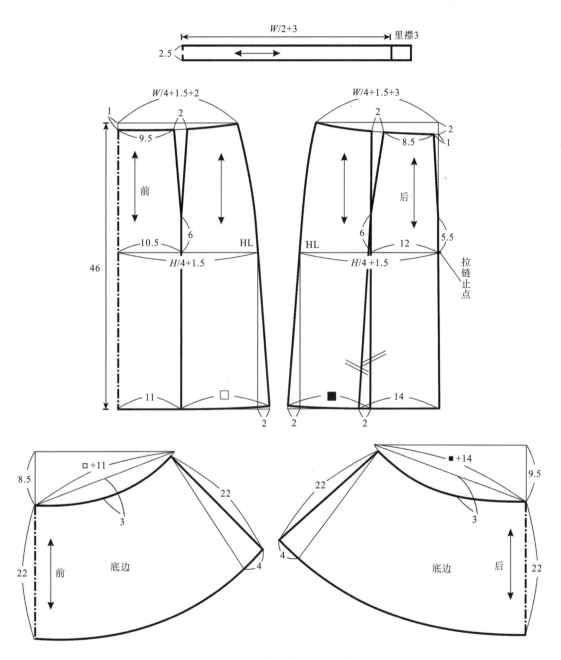

图5-152　六片单层荷叶边裙结构制图

## （三）六片双层荷叶边裙

### 1. 款式特点分析

如图5-153所示，该款为六片双层荷叶边裙，前后各三片，侧缝装拉链。

### 2. 结构制图

六片双层荷叶边裙结构制图如图5-154所示。

图5-153 六片双层荷叶边裙款式图

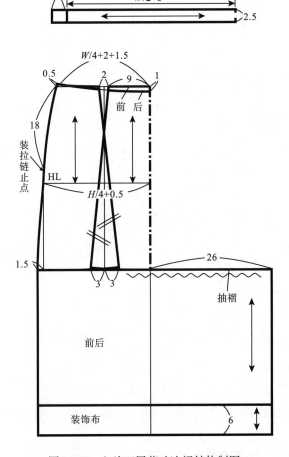

图5-154 六片双层荷叶边裙结构制图

## 五、多节裙

### （一）两节折裥裙

#### 1. 款式特点分析

如图5-155所示，该款前后育克加折裥两节裙，侧缝装拉链。

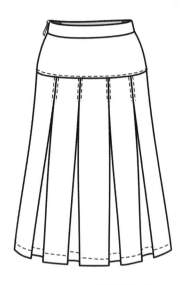

图5-155　育克加折裥两节裙款式图

#### 2. 结构制图

育克加折裥两节裙结构制图如图5-156所示。

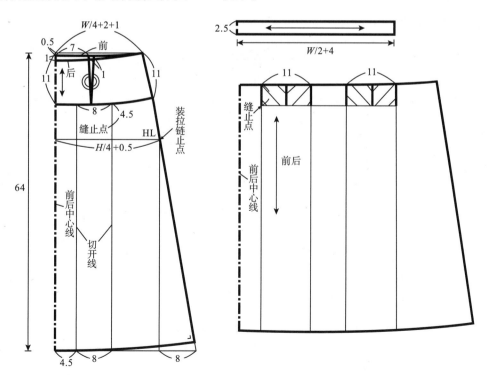

图5-156　育克加折裥两节裙结构制图

### （二）斜向分割两节裙

#### 1. 款式特点分析

如图5-157所示，该款为斜向分割两节裙，侧缝装拉链，腰头处用松紧带。

图5-157　斜向分割两节裙款式图

#### 2. 结构制图

斜向分割两节裙结构制图如图5-158、图5-159所示。

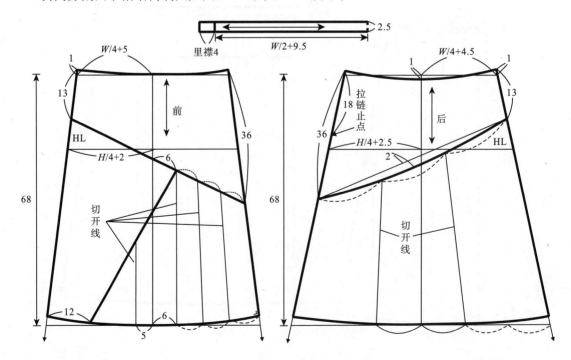

图5-158　斜向分割两节裙结构制图

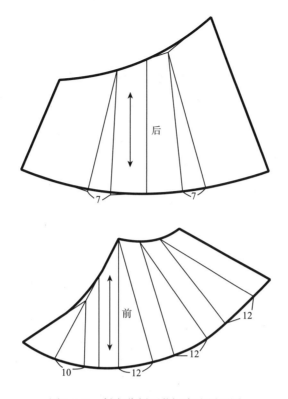

图5-159 斜向分割两节裙底边展开图

## （三）三节裙

### 1．款式特点分析

如图5-160所示，该款为三节裙。

图5-160 三节裙款式图

## 2. 结构制图

三节裙结构制图如图5-161所示。

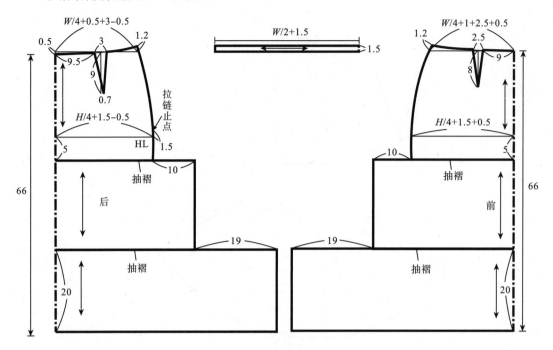

图5-161 三节裙结构图

## （四）三层裙

### 1. 款式特点分析

如图5-162所示，该款为三层裙，内加里布，侧缝处有拉链。

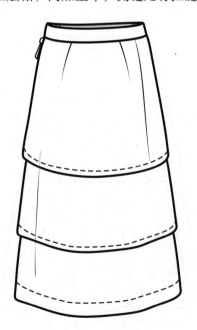

图5-162 三层裙款式图

## 2. 结构制图

三层裙结构制图如图5-163所示。

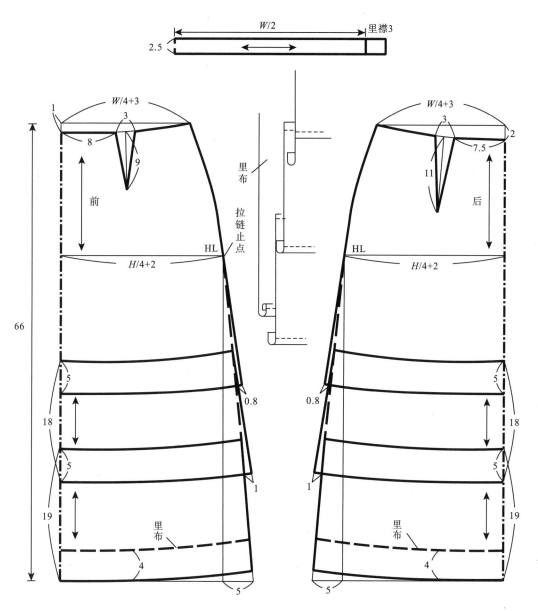

图5-163　三层裙结构制图

## 六、喇叭裙

### （一）侧省喇叭裙

#### 1. 款式特点分析

图5-164所示，该款为侧省喇叭裙。

#### 2. 结构制图

侧省喇叭裙结构制图如图5-165所示。

图5-164　侧省喇叭款式图

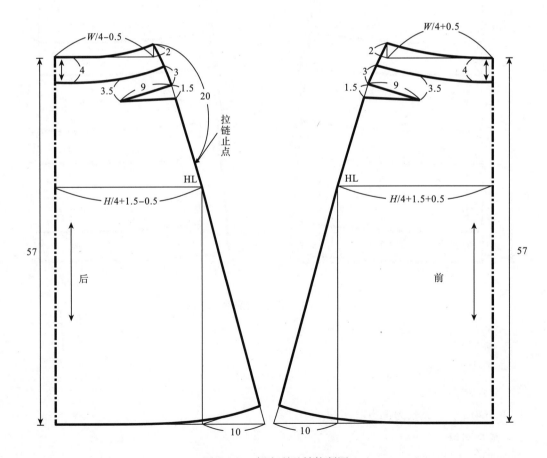

图5-165　侧省喇叭结构制图

## （二）育克小喇叭裙

### 1. 款式特点分析

如图5-166所示，该款为育克小喇叭裙。

图5-166　育克小喇叭裙款式图

### 2. 结构制图

育克小喇叭裙结构制图如图5-167所示，裙身省道可以通过缩缝收掉。

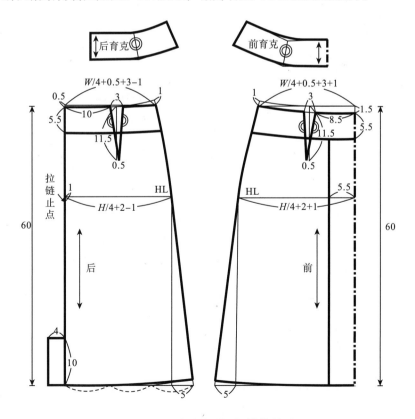

图5-167　育克小喇叭裙结构制图

### （三）斜插袋喇叭裙

#### 1. 款式特点分析

如图5-168所示，该款为斜插袋喇叭裙。

图5-168　斜插袋喇叭裙款式图

#### 2. 结构制图

斜插袋喇叭裙结构制图如图5-169所示。

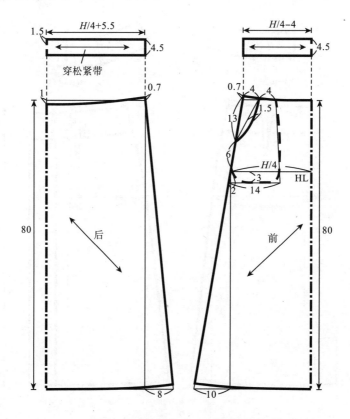

图5-169　斜插袋喇叭裙结构制图

## （四）折裥喇叭裙

### 1. 款式特点分析

如图5-170所示，该款为前折裥喇叭裙，后中线处缉拉链。

图5-170　前折裥喇叭裙款式图

### 2. 结构制图

折裥喇叭裙结构制图如图5-171所示。

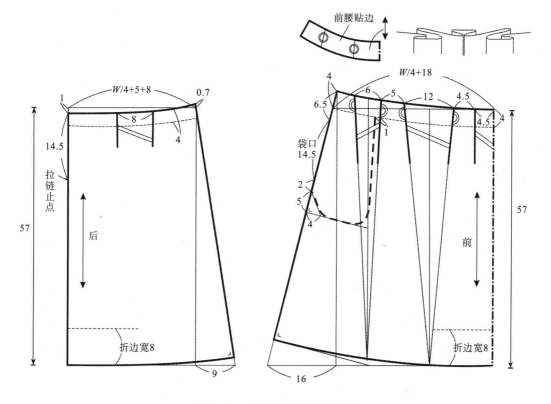

图5-171　折裥喇叭裙结构制图

## 七、不对称裙

### （一）不对称分割裙

#### 1. 款式特点分析

如图5-172所示，该款为不对称分割裙。

图5-172 不对称分割裙款式图

#### 2. 结构制图

不对称分割裙结构制图如图5-173所示。

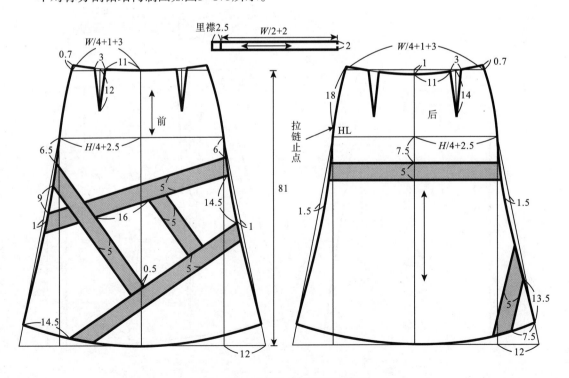

图5-173 不对称分割裙结构制图

## （二）不对称下摆裙

### 1. 款式特点分析

如图5-174所示，该款为不对称下摆。

图5-174　不对称下摆裙款式图

### 2. 结构制图

不对称下摆裙结构制图如图5-175所示。

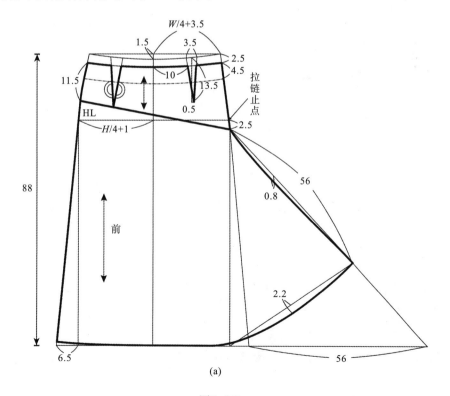

(a)

图5-175

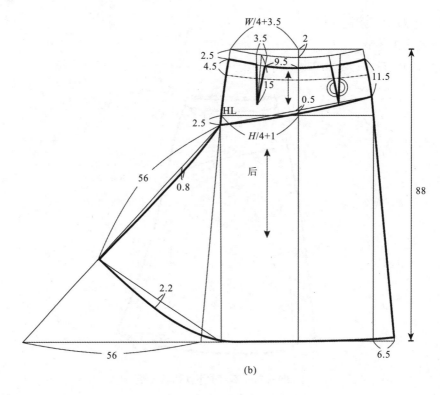

W/4+3.5

3.5　　2

2.5
4.5　　　9.5

15　　　　　11.5

0.5

HL

2.5

H/4+1

后

56　　0.8

88

2.2

56　　　6.5

(b)

图5-175　不对称下摆裙结构制图

## （三）不对称多片分割裙

### 1. 款式特点分析

如图5-176所示，该款为不对称分割裙，侧缝处加拉链。

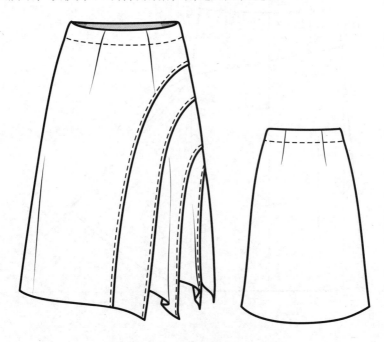

图5-176　不对称多片分割裙款式图

## 2. 结构制图

不对称多片分割裙结构制图如图5-177所示。

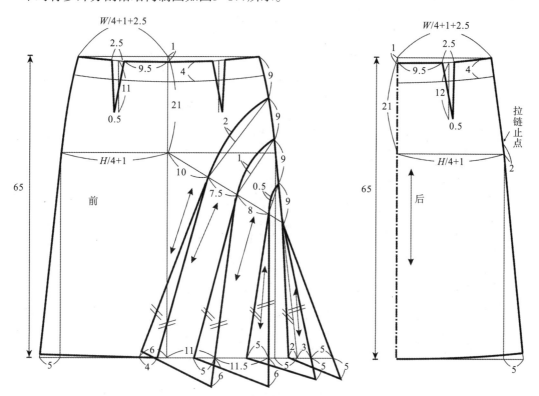

图5-177　不对称多片分割裙结构制图

## （四）不对称斜褶裙

### 1. 款式特点分析

如图5-178所示，该款为不对称斜褶裙，侧缝加拉链。

图5-178　不对称斜褶裙款式图

## 2. 结构制图

不对称斜褶裙结构制图如图5-179所示。

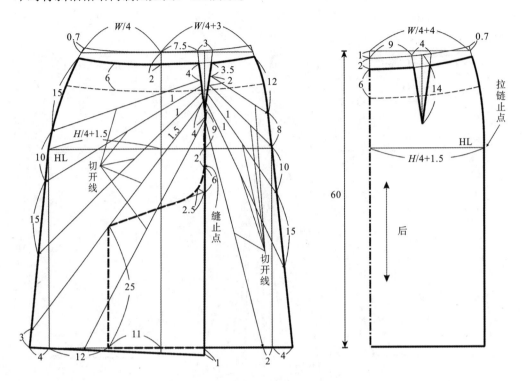

图5-179 不对称斜褶裙结构制图

## 3. 切展图

不对称斜褶裙切展图，如图5-180所示。

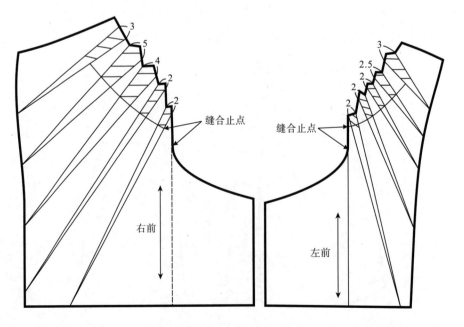

图5-180 不对称斜褶裙切展图

# 参考文献

［1］周捷，翁创杰. 内衣结构与工艺［M］. 北京：中国纺织出版社，2016.

［2］张文斌. 服装结构设计［M］. 北京：中国纺织出版社，2006.

［3］土屋郁子. 女装结构版型修正［M］. 倪滟，朱立人，薛晓峰，等，译. 上海：上海科学技术出版社，2011.

［4］文化服装学院编. 服饰造型讲座［M］. 上海：东华大学出版社，2004.

［5］海伦·约瑟夫-阿姆斯特朗. 美国时装样板设计与制作教程（上）［M］. 裘海索，译. 北京：中国纺织出版社，2010.

［6］海伦·约瑟夫-阿姆斯特朗. 美国时装样板设计与制作教程（下）［M］. 裘海索，译. 北京：中国纺织出版社，2010.

［7］三吉满智子. 服装造型学：理论篇［M］. 郑嵘，张浩，韩洁羽，译. 北京：中国纺织出版社，2006.